瞬间读

SHUNJIAN
DU DONG RENXIN

苏墨 / 编著

吉林出版集团股份有限公司

版权所有　侵权必究

图书在版编目（CIP）数据

瞬间读懂人心 / 苏墨编著 . -- 长春：吉林出版集团股份有限公司，2018.9
　　ISBN 978-7-5581-5780-6

Ⅰ . ①瞬… Ⅱ . ①苏… Ⅲ . ①性别差异心理学 – 通俗读物 Ⅳ . ① B844-49

中国版本图书馆 CIP 数据核字（2018）第 221466 号

SHUNJIAN DU DONG RENXIN
瞬间读懂人心

编　　著：	苏　墨
出版策划：	孙　昶
责任编辑：	侯　帅
装帧设计：	韩立强
出　　版：	吉林出版集团股份有限公司
	（长春市福祉大路 5788 号，邮政编码：130118）
发　　行：	吉林出版集团译文图书经营有限公司
	（http://shop34896900.taobao.com）
电　　话：	总编办 0431-81629909　营销部 0431-81629880 / 81629900
印　　刷：	天津海德伟业印务有限公司
开　　本：	880mm×1230mm　　1 /32
印　　张：	6
字　　数：	129 千字
版　　次：	2018 年 9 月第 1 版
印　　次：	2021 年 5 月第 3 次印刷
书　　号：	ISBN 978-7-5581-5780-6
定　　价：	32.00 元

印装错误请与承印厂联系　　电话：022-82638777

前言

读心是一门通过人的外在表现来探测人的心理活动的学问,是认识自己、看透别人和看透人性的艺术。社交高手懂得通过密切关注对方的相貌,甚至连对方的言行举止、眼神、小动作等多方面的蛛丝马迹都会认真对待,仔细分析其真实意图。

人的一举一动都在泄露"天机",一个无意识的动作,一句不经意的话语,都能反映人深藏的本意。在人际交往中,如何才能看人"不走眼"?如何才能瞬间识破他人心?如何才能在不为人知的情况下了解和影响他人?"读心"将心理学知识应用于日常工作、生活中,教你在与人交往的过程中灵活运用心理学的理论和方法,用眼睛洞察一切,"读"懂他人的微妙心思,并对此做出精准的判断,使自己成为所在行业的终极赢家,进而在事业上取得突出的成就,赢得美好、幸福的人生。

现如今,社会交往的种种艰难之处,全在于个人无法洞察他人的内在心理,无法因时因地与他人在心理上达成融合——内在心理活动上的差异和心理上的距离总是会演变为误解、隔阂、矛盾，甚至于冲突。这种艰难正日益使大多数人对社会交往产生畏惧和困扰——无论是刚刚步入社会的年轻人，还是在社会上奔走多年的职场人士，无论这个人从事什么行业，心理上的困惑都是存在的。

其实，读心并不是高深莫测的科学技术，而是一种人人都可以通过练习而掌握的能力。只要你留心观察、认真揣摩，久而久之，也能够练就读懂人心的高明技巧。本书系统讲解读心原理、方法，并结合实际情况加以说明，教你从人的面部表情、行为举止、言谈之间、日常习惯等方面捕捉、分析、判断人的心理。通过本书，你将得到一双识人的慧眼、一把度人的尺，有助于你在职场、商场和生活中与他人和谐相处并顺利实现自己的目标和愿望，进而成就完美的人生。

目录
CONTENTS

第一章 DIYIZHANG

瞬间识人：看得清楚才能活得明白

读懂人心才不会雾里看花 /2
人心隔肚皮，谁都想掩盖自己的底牌 /4
识透人心才能潇洒从容 /7
解读表情的能力是人际和睦的关键 /9
听懂话里的"弦外之音"，交往才能顺利进行 /11

第二章 DIERZHANG

察"颜"观"色"：微表情是人掩饰不了的真相

表情，让他的心底一览无余 /16
鼻孔扩张的人情绪高涨 /18

6 种常见的面部表情和姿势 / 20
紧张与放松时的不同状态 / 24
冲突与防御时的常见表情 / 34
通过表情辨别真诚与欺骗 / 45

第三章
DI SAN ZHANG

相由心生：人可以貌相

脸形也是个性的表征 / 56
不同体形的人有不同的性格特征 / 59
眉形间隐藏着丰富的内心信息 / 63
嘴唇薄的人，通常爱吹毛求疵 / 67
下巴也是一个人个性的象征 / 69

第四章
DI SI ZHANG

手足连心：从不说谎的肢体语言

点头如捣蒜，表示他听烦了 / 72
对方与你的身体距离，折射出与你的心理距离 / 74

从脚尖的方向看对方是否对你感兴趣 / 77
用一条腿支撑身体的重量，表示想告辞了 / 79
脚尖向上翘起的人，听到了好消息 / 81
走路缓慢踌躇的人，缺乏进取心 / 83
腰挺得笔直的人，警觉度很高 / 85
频繁拨弄头发，心中紧张不安 / 87

第五章
DIWU ZHANG

眼随心动：眉梢眼角藏心计

表示心虚的视线转移 / 92
3 种常见的凝视对方的方式 / 95
瞳孔扩张，表示对你的谈话感兴趣 / 98
走路时视线向下的人凡事精打细算 / 100
握手时一直盯着你的人，心里想要战胜你 / 103
一条眉毛上扬，表示对方在怀疑 / 106
习惯性皱眉的人，需要感性诉求 / 108

第六章
DI LIU ZHANG

窥斑见豹：生活细节说出人的"心里话"

一直盯着路灯的人，性子比较急 /112

喜欢在人前打电话的人，较少顾及他人感受 /115

喜欢在咖啡厅谈话的人，谨小慎微 /118

喜欢坐在门口位置的人心直口快 /120

掏钱速度快的人，最怕别人看不起 /122

只在别人看得到的地方花钱，是想买物质以外的东西 /126

第七章
DI QI ZHANG

拆穿谎言：不做那个被欺骗的人

谎话大王的四张面孔 /130

避免眼神接触，因为害怕被人看穿 /132

对方直视你的眼睛，也未必在说真话 /134

突然放大的瞳孔揭示隐藏的情感 /136

动作和语言不一致，嘴上说的不能信 /139

不时用手接触口鼻，是企图隐藏真相 /140

把头撇开是因为想要逃避话题 /143

第八章
DI BA ZHANG

闻言听音：话里话外隐藏真性情

听到这些话，千万要注意 /146
把"诚实"挂在嘴边，不如以行动证明 /154
有6种说话习惯的人，防不胜防 /156
"老调重弹"的话题，希望你继续追问下去 /159
好用夸张说法的人，渴望与人交谈 /161

第九章
DI JIU ZHANG

社交众相：慧眼看破众人社交心理

对你彬彬有礼的人不欢迎你和他太亲近 /166
5种小动作代表他想尽快结束谈话 /168
说话间隔时间长的人，喜欢做逻辑分析 /170
交谈时不同的身体语言，透露说话者不同的心理及性格特征 /173
喝酒握杯方式展现真实心理 /176
从握手姿势观察对方性格 /178

第一章

DIYI ZHANG

瞬间识人：看得清楚才能活得明白

读懂人心才不会雾里看花

人的复杂性不仅仅是生理构造上表现出的复杂性,还在于心理上表现出的复杂性。因此,当你不了解某人时,最好不要轻易被他的表象所左右。因为,这种表象很可能是一种假象。

美国心理学者奥古斯特·伯伊亚曾经做过一个实验,让几个人用表情表现愤怒、恐怖、诱惑、漠不关心、幸福、悲哀,并用录像机录下来,然后,让人们猜哪种表情表现哪种感情。结果,每人平均只有两种判断是正确的。当表现者做出的是愤怒的表情时,看的人却认为是悲哀的表情。

人是一个矛盾的综合体。人们的喜怒哀乐,远非自身所表现出来的那么简单。欢笑并不一定代表高兴,流泪并不一定代表伤心,鞠躬并不一定代表感谢,拍手并不一定代表赞赏……

要想与他人建立亲善关系,必须善于揣摩他人的心理。你只有读懂他人心,才不会雾里看花,才能替他人遮掩难言之隐。

郑武公的夫人武姜生有两个儿子,长子是难产而生,因而叫寤生,相貌丑陋,武姜心中深为厌恶;次子名叫段,成人后气宇轩昂,仪表堂堂,武姜十分疼爱。武公在世时,武姜多次劝他废长立幼,立段为太子。武公怕引起内乱,就是不答应。

郑武公死后，寤生继位为国君，是为郑庄公。封弟段于京邑，国中称为共叔段。这个共叔段在母亲的怂恿下，竟然率兵叛乱，想夺位。但很快被老谋深算的庄公击败，逃往共国。庄公把合谋叛乱的生身母亲武姜押送到一个名叫城颍的地方囚禁了起来，并发誓说："不到黄泉，母子永不相见！"意思就是要囚禁他母亲一辈子。

一年之后，郑庄公渐生悔意，感觉自己待母亲未免太残酷了，但又碍于誓言，难以改口。这时有一个名叫颍考叔的官员摸透了庄公的心思，便带了一些野味以贡献为名晋见庄公。庄公赐其共进午餐，他有意把肉都留了下来，说是要带回去孝敬自己的母亲："小人之母，常吃小人做的饭菜，但从来没有尝过国君桌上的饭菜，小人要把这些肉食带回去，让她老人家高兴高兴。"

庄公听后长叹一声，道："你有母亲可以孝敬，寡人虽贵为一国之君，却偏偏难尽一份孝心！"颍考叔明知故问："主公何出此言？"庄公便原原本本地将发生的事情讲了一遍，并说自己常常思念母亲，但碍于有誓言在先，无法改变。颍考叔说："这有什么难处呢！只要掘地见水，在地道中相会，不就是誓言中所说的黄泉见母吗？"庄公大喜，便掘地见水，与母亲相会于地道之中。母子两人皆喜极而泣，即兴高歌，儿子唱道："大隧之中，其乐也融融！"母亲相和道："大隧之外，其乐也泄泄！"颍考叔因为善于领会庄公的意图，被郑庄公封为大夫。

这个事例告诉我们：与人相处，最重要的是那一份"心领神会"。有些事别人心里在想但不好说出来，更不用说去做了，这时，需要旁人的默契配合来解围。

但是读懂他人的心，准确领会其意图，并非一日之功，需要平时细心留意，学会观察生活。

人心隔肚皮，谁都想掩盖自己的底牌

为人处世最难的莫过于"知人心"，"人心难测""知人知面难知心"等词语，正说明了这个道理。其实，从心理学角度讲，人心既有可知的一面，又有不可知的一面，既有共性，也有特性。由于社会的复杂性和个人经历的复杂性，人心具有一些特殊性，即有悖常理的心思、心态和心情，如莫名恼怒、仇恨自己和仇恨社会等。有人把人心比作一泓深潭，里面游动着哪些生物，谁也说不清楚。

人的复杂性并不仅仅表现在生理构造上，更重要的还在于心理上表现出的复杂性，而这种复杂则具有抽象意义和不确定因素。因此，当你不了解某人时，最好不要轻易被他的表象左右了你的判断。因为，这种表象很可能是一种假象。

俗话说，"人心隔肚皮"，知人知面未必就能知心，而知心才是最重要的。一个人被陌生人捅了一刀只是皮肉伤，若是被最亲密的朋友捅了一刀，就犹如万箭穿心，那才叫作"伤心"。

人是形形色色的，有刚直的人，有卑鄙的人，有勇悍的人，有懦弱的人，有豪侠的人，有小心眼的人，有木讷的人，有果断的人，有诚实的人，有狡诈的人……面对形形色色的人，你只有用"心"审视他，详察他，明辨他，而后慎用他，才能在人际交往中始终立于不败之地。

假如，和我们交往的是个品德高尚、见义勇为、助人为乐的人，即使其外表并不英俊潇洒，我们也会与之和谐相处。但假如我们所见到的是一个虚伪而自私的人，尽管此人仪表堂堂，举止文雅，我们只会觉得他道貌岸然、虚伪狡猾。

由此可见，人的本质平时都隐藏着，看不见又摸不着。你必须看到他的行为，又要猜测他的意图，才能了解他的心；必须既看到他的外表，又要看到他的内心，才能吃透他的本意。

唐玄宗时，有李适之和李林甫两位宰相共同辅政，李适之为左相，李林甫为右相。

当时，唐玄宗沉湎酒色，穷奢极欲，弄得国库日渐空虚。满朝文武都很着急，日夜思谋开源节流之计。最后，皇上也感觉到了财政危机，下诏让两位宰相想办法。

形势所迫，二人都很着急。但李林甫最关心的却是如何斗倒政敌，独揽大权。看着李适之像热锅上的蚂蚁，李林甫生出一条毒计来。散朝之后，二人闲扯，李林甫装作无意中说出华山藏金的消息。他看到李适之眼睛一亮，知道目的达到了，便岔开话题说别的。

李适之性情疏率，果然中计，忙不迭回家，洗手磨墨写起奏章来，陈述了一番开采华山金矿，以应国库急用的主张。

唐玄宗一见奏章大喜，忙召李林甫来商议定夺。李林甫看了奏章，装出欲言又止的样子："这个——"

玄宗急催道："有话快讲！"

李林甫压低了声音装作神秘地说："华山有金谁不知？只是这华山是皇家龙脉所在，一旦开矿破了风水，国祚难测，那——"

"噢，"玄宗听罢一激灵，"是这样。"继而点头沉思。

那时，风水之说正盛行，认为风水龙脉可泽及子孙，保佑国运。今听得李适之出了这样的馊主意，玄宗心中当然不高兴。李林甫见有机可乘，忙说："听人讲，李适之常在背后议论皇上的生活末节，颇有微词，说不定，这个开矿破风水的主意是他有意——""别说了！"玄宗心烦意乱，拂袖到后宫去了。李林甫见目的达到，心中暗喜，点着头走了。

自此，玄宗见了李适之就觉得不顺眼，最后找了个过错，把他革职了。朝廷实权，便落在了李林甫手中。

李林甫是典型的"口蜜腹剑"之人，所以对这种人一定要多长心眼，多加提防。而且，李适之显然知道他与李林甫之间的利害冲突，但他就是"性情疏率"，才会轻信了李林甫的话，结果被革职了还不知道所以然。

希腊有句古话,"很多显得像朋友的人其实不是朋友,而很多是朋友的倒并不显得像朋友"。很多人在危难的时候才发现,背叛自己、出卖自己的往往是昔日自己十分信赖的朋友,而曾经被怀疑的人却成了自己的救星,真是可笑又可悲。世上有很多人心口不一、表里不同,要看出来真的很难,因此,切不可轻信他人。

识透人心才能潇洒从容

人生的道路从来都不是平坦宽阔的,我们的世界其实远没有它表现出的那样美好。唯有学会识别人心,才能让自己的人生之路少一分坎坷,多一分平坦。

巴尔扎克说过:"没弄清对方的底细,绝不能掏出你的心来。"荀子在论人性时说:"人之性恶,其善者伪也。"观点固然偏激,道理却很实在,与人打交道时确实应该谨慎小心,对交往不深的人不妨多点戒心,考虑一些防患对策,为自己留下"逃生"的余地。

东晋大将军王敦去世后,他的兄长王含一时感到没了依靠,便想去投奔王舒。王含的儿子王应在一旁劝说他父亲去投奔王彬,王含训斥道:"大将军生前与王彬有什么交往?你小子以为到他那儿有什么好处?"王应不服气地答道:"这正是孩儿劝父亲投奔他的原因。江州王彬是在强手如林时打出一片天地的,他能不趋炎附势,这就不是一般人所能做到的。现在看到我们衰亡下去,一定会产生慈悲怜悯之心;而荆州的王舒一向保守,他怎么会破格开恩收留我们呢?"王含不听,于是径直去投靠王舒,王舒果然将王含父子沉没于江中。而王彬当初听说王应及其父要来,悄悄地准备好了船只在江边等候,但没有等到,后来听说王含父子投靠王舒后惨遭厄运,深感遗憾。

好欺侮弱者的人,必然会依附于强者;能抑制强者的人,必然会扶助弱者。王应一番话说明他是深谙世情的,在这点上,他要比他的父亲王含强得多。

成功离不开一定的社会环境,离不开你每天所要打交道的那些人。一个生活在"真空"里不和人交往的人,算不上聪明,更谈不上成功不成功。因此,我们完全有理由这样说:一个人的成功,取决于其处世水平,也即识人水平的高低。

如何与人打交道,如何了解对方的心理活动,是你掌握处世技巧的第一课。掌握"读心"术,是建立成功人际关系的秘诀。

熟悉下象棋的人都有这样的经验,若你想赢得这盘棋,除了要清楚棋盘上的棋子外,还必须要看透对方下这步棋的用意,并进而判断出其后的布局,方能最后赢棋。正所谓"高手前后看三步",讲的就是这个道理。

"读心"亦然,既不能仅看表面和片断,也不能仅从无意中听到的一句话,就轻率地断定对方是小人或君子,或许这正是对方为了掩饰自己的行动而故意施放的"烟幕弹"。一定要记住:人心是无法仅从表面了解的。

正确地掌握"读心"技巧,彻底解读对方复杂的内心活动,就无异于拥有了一把锋利无比的宝剑,足以使你"笑傲人生",纵横天下,潇洒走四方。

解读表情的能力是人际和睦的关键

俗话说:"出门看天色,进门看脸色。"无论做什么事,对什么人,只有读懂对方的表情,摸清对方的心思后,再付诸行动,才能做到得心应手,万无一失。

所谓"看人脸色",就是从对方的神态表情和其他身体语言中探知对方的心,从而做出一些顺从对方的事情,或者避免做出一些让对方不满意的事情。

关于"看人脸色",还有一个关于康熙皇帝的故事。

据说康熙皇帝到了晚年,由于年纪大了,产生了一个怪脾气——忌讳人家说老。如果有谁说他老,他轻则不高兴,重则要让对方触霉头。所以,左右的臣子们都知道他这个心思,一般情况下都尽量回避说他老。

　　有一次，康熙率领一群皇妃去湖中垂钓，不一会儿，鱼漂一动，他连忙举起钓竿，只见钩上钓着一只老鳖，心中好不喜欢。谁知刚刚拉出水面，只听"扑通"一声，鳖却脱钩掉到水里又跑掉了。康熙长吁短叹，连叫可惜，在康熙身旁陪同的皇后见状连忙安慰说："看样子这是只老鳖，老得没牙了，所以衔不住钩子了。"

　　话没落音，旁边另一个年轻的妃子却忍不住大笑起来，而且一边笑一边不住地拿眼睛看着康熙。康熙见了不由得龙颜大怒，他认为皇后是言者无心，而那妃子则是笑者有意，是含沙射影，笑他没有牙齿，老而无用了。于是将那妃子打入冷宫，终生不得复出。

　　为什么皇后在说话时明显说到"老"字，康熙并没有怪罪她，而妃子只是笑了一笑，康熙却怪罪她呢？首先是康熙的忌讳心理，他不服老，忌讳别人说他老，一旦有人涉及这个话题，心理上就承受不了。再者由于皇后与妃子同康熙的感情距离不同。皇后说的话，仔细推敲一下，有显义和隐义两个意义，显义是字面上的意义，因为康熙与皇后的感情距离较近，他产生的是积极联想，所以他只是从字面上去理解，知道皇后是一片好心的安慰。妃子虽然没有说话，只是笑了一笑，但她是在皇后的基础上故意引申，是把那只逃掉的老鳖比作皇上，是对皇上的大不敬。

所以，同样的问题，同样的环境，由于不同的人物的不同理解，便引出不同的结果来。正所谓"说者无心，听者有意"，实际上究其原因，还是那个妃子没有用心观察别人脸色，不能读懂皇帝心思的缘故。

生活中，与人交往如果不用心，就会遇到许多意想不到的问题，因为你并不知道自己什么时候就把别人给得罪了。所以要想与人建立亲善关系，一定要学会解读对方的表情，学会用心，否则你就会面临一道道难以预测的障碍。

听懂话里的"弦外之音"，交往才能顺利进行

在日常交往中，通常存在着两种类型的话语：一种是表面话语，而另一种是"弦外之音"。"弦外之音"才是一个人真正表达其感情或祈求的内心话，因此，如果想要正确地理解他人，让交往顺利进行，我们就必须懂得如何去听取对方话语中的"弦外之音"。

在日常的对话之中，我们很难从对方话语的表面去了解他的真意。这时，就必须从隐藏在对话背后的"弦外之音"上着手探索，才能够使彼此的意思或感情得到有效的沟通，才有助于建立亲善关系。

举一个例子来说。

在一个天气暖和的上午,晓惠坐在公园里的一张长椅上欣赏风景。

这时候,坐在离晓惠不远的长椅上的一名男士,突然向她说:"今天天气很好啊!天上一片云彩也没有。"

如果从他这句话的表面来想,他只是向她叙述天气的状况,可是实际上,它还隐藏着许多的意义。

首先,表示他很想和晓惠谈话。其次,由于他怕晓惠不愿意和他这样一个素不相识的人对话,所以,就借这句话来试探她的反应。

如果他一开口就问:"你从事哪一方面的工作?""你有几个小孩?""请问贵姓?"很可能晓惠会不理他,那么他不是会很尴尬吗?所以,他就借叙述天气而和晓惠攀谈。

为了能够敏感地听懂别人的弦外之音,我们必须养成这样的习惯:当自己听别人在说话,或者是自己在和别人对话时,要自问一下:"他为什么要这么说?他那句话中的'弦外之音'是什么?"

如果对方是在炫耀他那光荣的过去,这时候我们就要留心了,因为此时他心里正在期待着我们的夸奖,所以,只要顺其意夸奖他,你就一定能够获得他的好感。

同时,我们也要懂得如何听出讥讽、嘲笑、挖苦等言外之意。对方之所以会向我们说这种话,一定是因为对我们感到不满才会这样的。遇到这种情况时,我们不要立刻反驳或一味生气,就当作没有听到好了,免得和对方发生不必要的冲突。不过,事后最好能自己检讨一下,为什么别人会讥讽我?我本身是否有什么缺点?或者是无意中得罪了人家,才会引起别人的怨恨,而以讥讽来消除他心中的怨恨呢?当我们得知了其中的原因之后,并且及时改正自己的行为,那么,虽然受到别人的讥讽,也可以说是"因祸得福"了。

如果我们能够做到以上所说,与他人顺利交往、建立亲善关系会变得更容易。

第二章
DI ER ZHANG

察「颜」观「色」：微表情是人掩饰不了的真相

表情，让他的心底一览无余

狄德罗曾说："一个人，他心灵的每一个活动都表现在他的脸上，刻画得非常清晰和明显。"这句话揭示了人类表情的重要性。因为现实中，语言的表达远不及人们的表情丰富和深刻。

作家托尔斯泰曾经描写过85种不同的眼神和97种不同的笑容。可以说，人类的面部是最富表现力的部位，它能表达复杂的多种信息，如愉快、冷漠、惊奇、诱惑、恐惧、愤怒、悲伤、厌恶、轻蔑、迷惑不解、刚毅果断等。而面部表情也能传播比其他媒介更准确的情感信息。因此，表情能够清晰、直接地表达人们的内心想法。仔细观察一个人的表情，我们就可以获悉他的心理活动。

根据专家评估，人的表情非常丰富，大约有25万种。所以，表情能全方位地表现人们的心情不足为奇。问题是，面对如此丰富的表情，要去辨别该从何着手？

1. 表情变化的时间

观察表情变化时间的长短是一种辨别情绪的方法。每个表情都有起始时间，即表情开始时所花的时间；表情停顿的时间和消失时间,即表情消失时所花的时间。通常,表情的起始时间和消失时间难以找到固定的标准,例如,一个惊讶的表情如果是真的,那么它完成的时间可能不到1秒钟。所以,判断一个表情持续的时间更容易一些。因为通常的自然表情,并不会那么短暂,有的甚至能持续4~5秒钟。不过,停顿的时间过长,表情就可能是假的。除了那些表达感情极其强烈的表情,一般超过了10秒钟的表情,就不一定是真实表现了,因为人类脸上的面部神经非常发达,即使是非常激动的情绪,也难以维持很久。于是,要判断一个人的情绪真假,从细微的表情中也能发现痕迹,只是需要人们不断地进行细微的观察。

2. 变化的面部颜色

通常,人的面部颜色会随着内心的转变而变化,这样,表情就有不同的意义了。因为面部的肤色变化是由自主神经系统造成的,是难以控制和掩饰的。在生活中,面部颜色变化常见的是变红或者变白。通常来说,人在说话的时候,如果脸色变红,往往是他们遇到了令他们羞愧、害羞、尴尬的事。有的时候,人在极度愤怒的时候,面颊的颜色会在瞬间变得通红。而人在痛苦、压抑、惊骇、恐惧等情形下,面色会发白。

总之,人的表情变化往往是反映他内心世界的晴雨表。因此,我们可以顺着这条线索去探寻别人内心的秘密。

鼻孔扩张的人情绪高涨

有位研究身体语言的学者，为了弄清鼻子的"表情"问题，他在车站、码头、机场等不同的地方观察各种鼻子，专门做了一次观察"鼻语"的旅行。据他观察，人的鼻子是会动的。例如，在你和人沟通的过程中，你发现他鼻孔扩张，这表明他的情绪非常高涨、激动，他正处于非常得意、兴奋或者是气愤的状态。从医学的角度上看，人在兴奋和气愤的情况下，呼吸和心跳会加速，从而引起鼻孔扩张。

不只是人类，动物有时也会用鼻子来表达情绪。在动物的世界里，如果你仔细观察的话，一定会发现大多数动物喜欢用龇牙和扩张鼻孔来向对方传递准备攻击信号。尤其是像黑猩猩这样的灵长类动物，每当它们生气发怒的时候，往往会将鼻孔扩张得很大。从生理学上来说，它们这样做是为了让肺部吸入更多的氧气，但是，从心理学上来说，它们正处于情绪高涨的状态，这是在为战斗或逃跑做准备。

除了鼻孔扩张之外，还有歪鼻子，这表示不信任；鼻子抖动是紧张的表现；哼鼻子则含有排斥的意味。此外，在有异味和香味刺激时，鼻孔也会有明显的动作，严重时，整个鼻体会微微地颤动，接下来往往就会出现打喷嚏的现象。

研究还发现，凡有高鼻梁的人，多少都有某种优越感，他们很容易表现出情绪高涨、饱满的状态。关于这一点，有些影视界的女明星表现得最为突出。与这类"挺着鼻梁"的人打交道，比跟低鼻梁的人打交道要稍难一些。而在思考难题、极度疲劳或情绪低落的时候，人们会用手捏鼻梁。这些鼻孔的变化、触摸鼻子的动作，是了解他们身体语言的法宝。

鼻子这一部位的表情，也的确能提供一定的心理表现的线索，让我们通过鼻子微小的变化来看看更多鲜为人知的身体语言信息吧。

1. 鼻头冒出汗珠

这表明对方心里焦躁或紧张。他的个性比较强，做事有些急于求成。因为焦急紧张，鼻头才有发汗的现象。

2. 鼻子泛白

这表示他的心里有所恐惧或顾忌。如果他不是你的对手或与你无利害关系，鼻子泛白是由于踌躇、犹豫的心理所致。另外，在自尊心受损、心中困惑、有点罪恶感、遭遇尴尬时，也会出现鼻子泛白的情形。

3. 鼻头红

这种情况多与人的健康状况有关，比如长期饮酒、食用辛辣食物过量、情绪过于激动紧张、皮肤过敏等。除了这些，鼻头发红也有可能暗示心血管疾病或者是肝功能异常。如果鼻子呈现蓝色或棕色，要当心胰腺和脾脏的毛病。

由此可见，鼻子虽然是人体五官中最缺乏运动的部位，但也是有着自己的"语言"的。当你观察一个人时，不妨从鼻子的语言入手去看透对方。

6种常见的面部表情和姿势

1.快乐（参见图1）

尽管微笑并不是表现快乐独一无二的信号，但微笑确实是这种情绪最显而易见的标志。微笑对面部产生影响的部位主要涉及到眼睛、嘴和脸颊。

（1）眼睛

下眼睑微微上扬，在下眼睑下面会出现皱纹。鱼尾纹可能会分布在眼角外围。

（2）嘴

当唇角向外和向上运动的时候，嘴巴就会变长。你的双唇可

能会分开，并露出牙齿（通常露出上面的牙齿）。大笑也可能会产生两条笑纹，从唇角的外部一直向上延伸至鼻翼。

（3）脸颊

你的脸颊会上升，鼓胀起来，有可能高到让你的双眼看起来变窄变细的程度，这样会更加凸显出嘴到鼻子之间的笑纹。

2.悲伤（参见图2）

（1）嘴

从整体上来说，嘴最能表露出人的悲伤情绪。悲伤的时候，嘴角下垂，会凸显出整个面部松弛呆滞和无精打采的表情。如果你因为悲伤而流泪哭泣，你的双唇可能会颤抖。

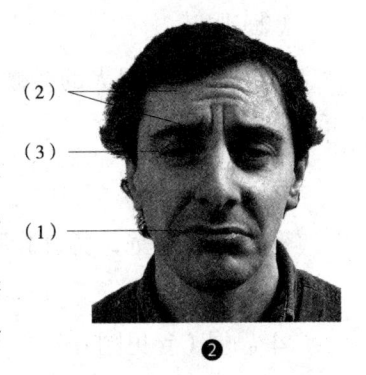

（2）眉毛和额头

眉端上扬，因此，双眉之间的空间、鼻子根部，以及两只眼睛会呈现出一个三角形。在这个三角形的上方，额头可能会出现皱纹。

（3）眼睛

噙在眼睛里的泪水会闪闪发光。

3. 惊奇（参见图3）

（1）眉毛和额头

当你感到惊奇的时候，眉毛会向上翘。额头的皱纹会形成波状，横向分布在额头上。

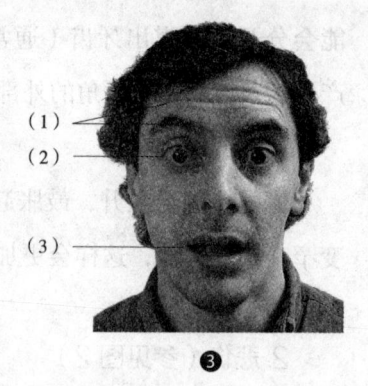

（2）眼睛

当双眼睁得很大的时候，会露出更多的眼白。

（3）嘴

你的下颌下垂，嘴微微张开。

4. 恐惧（参见图4）

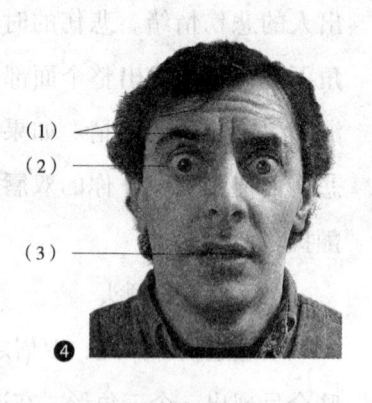

当你受到惊吓或感到害怕的时候，你的面部的各个部位做出的反应也非常多。然而，在世界的许多地方，还存在着细微的差别。

（1）眉毛和额头

感到恐惧的时候，你的眉毛会上扬，并皱缩在一起。相比在惊奇中的表情，眉毛看上去没有那么弯曲，你的额头也会出现皱纹，但是，这次并不完全是横向分布，而是眉间往往会出现纵向的皱纹。

（2）眼睛

你会抬起上眼睑，露出眼白。下眼睑会变得紧绷，并且上扬。

（3）嘴

你的嘴会张开，双唇会紧紧地向后拉伸。

5. 生气（参见图5）

（1）眉毛

当你感到生气和愤怒的时候，肌肉会将你的眉毛往下拉，并向内紧缩。眉头紧锁，会让两眉之间出现纵向的皱纹。

❺

（2）眼睛

当你的上眼睑和下眼睑向着彼此移动得越来越近的时候，双眼会变得窄而细。你的眼神看起来严厉而冷酷，像是凝视他人的样子，甚至眼睛看起来像要凸出来一样。

（3）嘴

双唇很有可能紧闭，形成一条线，嘴角向下，或者嘴巴张开，双唇紧张，就像要爆发出大声的喊叫一样。

（4）鼻子

一些处于盛怒中的人会皱起鼻子，或者张开鼻孔。

6. 厌恶（参见图6）

当某些东西或事情让你感到讨厌或憎恶的时候，这种情绪主要会反映在你的眼睛里面，以及面部的下部分。

(1) 眼睛

下眼睑上扬，在眼睑下方会出现一些皱纹。

(2) 嘴、鼻子和脸颊

你会皱起鼻子，脸颊上移，双唇可能会上扬，或者仅仅只是向上牵动上嘴唇，下嘴唇下拉，嘴巴微微翘起。

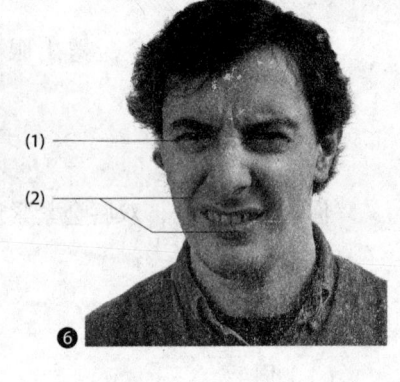

紧张与放松时的不同状态

坏情绪的迹象

1. 感觉马马虎虎

在美国和欧洲，如果人们不是那么快乐，当其他人关心地询问"你最近怎么样"的时候，他们会伸出一只张开的手，掌心向下，并来回转动。这个姿势往往伴随着一句这样的话——"哦，马马虎虎吧。"

2. 感觉烦透了

当有人问及"最近怎么样"的时候,一个过度劳累的人可能会说"我已经受够了,都到这个限度了",并且会举起一只手,掌心向下,举至前额,进一步阐明"这个限度"到了什么程度。在这个动作中,这只手象征着他们想象中的会让自己溺死的水位线的高度。

3. 自我批评或感觉尴尬

当人们意识到自己做了某件蠢事的时候,他们可能会声称自己非常笨,应该自己打自己。伴着类似的自责的话,他们同时还会做出假装打自己的动作,张开手拍打自己的头部,通常会打在以下4个部位。

◇脸颊(参见图1)。

◇额头(参见图2)。

◇头顶(参见图3)。

◇脖子后部(参见图4)。

研究表明,拍打落在身体的哪个部位,显示出的不仅仅是自我批评,还涉及事情的严重性。如果一位员工因为自己的粗心大

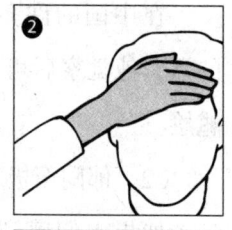

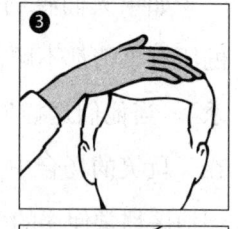

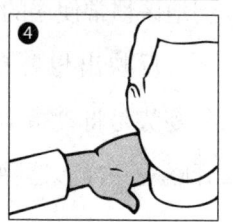

意而谴责自己，拍打自己的额头，那么老板的指责可能不是非常严厉。如果这位员工拍打的是脖子后部，那就说明他可能认为老板知道他的错误后会将他看作"眼中钉"。

（1）伸舌头

在中国的许多地方，如果某个人"多嘴"或说了不应该说的话，他觉察后可能会迅速地伸一下舌头，表现出自己感到非常尴尬。

（2）郁闷至极

如果人们感到自己在社交中失礼或出丑，或者他们生活中的所有事情都不顺，有的时候，他们可能声称自己几乎想要"自杀"。当他们这样说的时候，同时会做出自杀的姿势，这往往是在开玩笑的场合中。所使用的姿势和动作根据不同地区惯常使用的"自杀"方式而有所变化。

反映出想要自杀的情绪，且遍及全球的一种姿势是将食指横放在喉部，就好像要用刀子割开喉咙一样。这种姿势也被广泛用来威胁和恐吓他人。

在西方，想要自杀的动作是用食指对着脑袋，其余的手指团缩在手心，拇指朝上，就像一把左轮手枪上的枪栓一样，然后将拇指向下拉动。

在新几内亚的岛民可能会紧紧地握住脖子，模仿出勒脖子使人窒息的动作。

4. 沮丧

沮丧气馁、情绪低落的人可能会（参见图5）：

◇拖着缓慢而费力的步伐前行。

◇将两只手放在口袋里，并且（或者）低着头，欠着身。

注意：某个正在思考的人也可能像这样走路。

移位活动

当人们感觉不确信、紧张或者百无聊赖时，他们可能会在不知不觉中表现出"毫无意义"的动作。英国著名的动物学家和人类行为学家德斯蒙德·莫里斯，将这些动作列入了"移位活动"的范畴。许多此类动作发生在日常情形中，其中一些包括安慰性的自我触摸。

1. 典型的移位活动

典型的移位活动包括很大范围内的动作和姿势，其中紧张不安的人会用手、脚或眼睛做出毫无目的的活动。

例如，在医生的候诊室中等待的人，在等待面试的人，或在交通堵塞中等待的人身上，都可能看到这些动作。研究人员认为，所有这些都能表明人们面对挫折和焦虑时的紧张状况。

◇将手放在领带上，就好像要调整领带一样，其实领带非常笔挺。

◇用手指敲击椅子的扶手，或用脚敲击地板。

◇抚弄手指上的戒指。有可能将戒指摘下来又重新戴上去。

◇挠头。

◇掐捏眼皮。

◇垂着头坐着，眼睛盯着地板或者对面墙上的一个点。

2. 口部的移位活动

研究人员认为，这些行为都是在不知不觉中进行的，人们试图找回在婴儿时期吮吸妈妈的乳房所产生的安全感。下面有3个典型的例子。

◇咬指甲，或吮吸拇指。

◇在做记录的时候吮吸钢笔或铅笔。

◇取下眼镜，并将一只镜腿含在嘴里。

3. 抽烟者的移位活动

许多过着充满压力的日子的烟民，声称抽烟能够让他们平静下来，因为抽烟能够让人情绪稳定。但是，这可能只是部分原因。抽烟这个动作本身也可以让抽烟者消除疑虑、增加安全感。

◇对于抽烟的人来说，叼着烟或烟斗，就相当于不抽烟的人吮吸拇指或钢笔一样。

◇紧张焦虑的抽烟者可能会一直用香烟敲击烟灰缸，将烟灰弹落。

◇用烟斗抽烟的人可能会延长清理烟斗、装烟丝、点着烟斗的例行过程。

将世界"关"在外面

有的时候，我们会遭受更大的压力，仅靠我们交叉双臂、双腿或做出一些移位活动远远不能缓解。在这种时刻，人们可能会求助于下列这些方法，将令他们忧虑的所有事情都"关"在外面。

1."切断"视线交流

处于巨大压力下的人可能会表现出以下 4 种无意识的眼部行为。

（1）回避视线

尽管在和另外一个人说话，或在倾听，但是，感觉紧张的那个人可能会有很多时间都在凝视别的地方（参见图 6）。

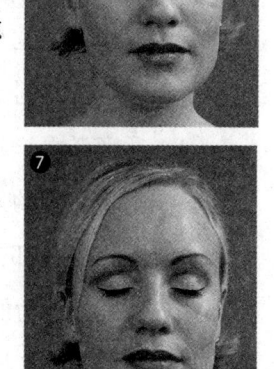

（2）转移视线

感到有压力的那个人迅速地注视一下说话的人，随即继续将视线从正在说话的人那里转移开。

（3）眼睑微微颤动

倾听者看着说话者的眼睛，但是，倾听者的眼皮时不时地微微颤动。

（4）闭上眼睛

紧张不安的倾听者看着说话者的眼睛，但是，他的眨眼会持续好几秒时间（参见图7）。

有的时候，"将世界'关'在外面"的眼部行为能显示出某些更加具体的压力。

2. 孤立自己

有的时候，感觉有压力的人试图躲进自己的世界里。下面给出两个孤立自己的例子。

（1）适度孤立

在图书馆学习的人可能将胳膊肘支撑在桌子上，两只手的拇指和食指支撑着头部，就好像为两只眼睛形成了保护一样，试图将那些分散其注意力的景象阻挡开。

（2）极度孤立

这种做法是在极度孤立自己，紧紧地缩成一团，头埋在膝盖之间，双手紧紧地抱着膝盖。研究人员认为，这种姿势是人们试图将外界的令人感到恐怖的事物彻底地关在外面。由于灾难性事件——比如亲人去世或失去他们所拥有的一切东西，并在人们不知所措的时候，他们可能会做出这种姿势。

3. 感觉轻松自在

处于轻松而舒适的环境中的人，与那些处于压力之中的人相比，他们的行为有很大的区别。如果他们是完全清醒的，他们的姿势和动作很有可能显得更加坦率，而且不会像焦虑或紧张的人那样充满防御性。当他们放松的时候，更有可能随意地坐着或躺着，"让自己尽情放松"，不像那些感觉浑身不自在的人那般拘束和压抑。

逐渐放松

人类行为学家研究认为，当人们在社交场合中变得越来越放松的时候，他们会改变自己的姿势、手势和动作。

一般来说，随着人们对彼此越来越了解，渐渐地，他们不会像起初那么害羞和不好意思。据观察，在西方许多国家和地区，这种逐渐解冻融合的过程可能会经历以下这些阶段。

◇开始，两个陌生人面对面站立的时候，相互之间会隔开一段距离，并交叉双腿和双臂（参见图8）。如果他们穿着夹克或外套，上面的纽扣可能都会扣得严严整整的，即使天气不冷也会

这样。

◇一会儿之后，这两个人可能会松开交叉的腿，双脚微微向外。他们的双臂可能仍然保持交叉，放在胸前。

◇每个人在说话的时候，可能都会开始用放在上面的那只手臂和手做手势。做完手势之后，说话的人可能会将这只手放在上面，而不是将手放在另一只手臂的下面。

◇随着紧张情绪越来越少，每个人在说话的时候可能都会松开交叉的手臂，将一只手插进口袋里，或者用手做手势来强调自己讲述的内容（参见图 9）。

◇随后会解开夹克或外套最上面的纽扣。两个人可能都会向前伸出一只脚，指向他所关注的那个人，而后面那只脚承受着身体的大部分重量。

◇随着两个人从陌生到熟识，他们可能会向着对方移得越来越近，直到他们最后刚好处于彼此私人空间的范围之内。

放松的迹象

人们在公司放松的方式可以显露出他们对身边同事的态度，以及彼此之间的关系。

1. 在相识的人之间

如果某个人呈现出非常放松的身体姿势——例如，懒散地伸开四肢躺在沙发上，与他不是非常了解的人交谈——这一姿势可能会被其他人认为是没礼貌、不够谦恭的表现，或者表明这个人对他人存有极度的支配欲。这两种可能性都是不好的，都有可能会发生。要避免这种不和谐的、容易引起冲突的互动，我们大多数人在社交场合中只能在一定程度上放松。我们选择让自己"看起来"机敏灵活、警觉，善于接纳周围的人。例如，聚会时，一个人在坐着的时候可能会保持身体笔直，跷着二郎腿，双手轻轻地放在大腿上。如果是这样，他随后就会表现出适当的率真和开放。

2. 在亲密的朋友之间

当在亲密的朋友、亲人之间的时候，人们往往会觉得自己处于完全放松的状态。放松自在的姿势主要反映在开放式的身体语言中，其中可能包括放松地坐着或躺着的姿势，当人们躺在地板上，或懒散地躺在沙发上的时候，就可以看见这些姿势（参见图10）。

冲突与防御时的常见表情

隐藏式表示不赞成

某个人如果反对他人的观点,但是又不方便说出来,作为替代,他可能用沉默,或看起来与手头事情毫无干系且没有意义的动作泄露出这种消极否定的情绪和感受。

1. 低头

一个爱挑剔或不满的倾听者很有可能低着头,这个看起来像是无意间做出来的动作,却表明倾听者不喜欢或不同意说话者所说的内容。

2. 封闭式姿势

某个人不同意讲话者的观点,如果这个人是坐着的,他很有可能呈现出所谓的"封闭式姿势"——双臂交叉,跷着二郎腿,身体保持直挺(参见图1)。

3. 揉眼睛

当一个人百无聊赖地坐着时,他可能会频繁地揉眼睛,或者揪拉眼皮。可以说,这些不满的姿势给予大脑反馈,强化并延长了爱挑剔和不满的情绪状态。

4. 择线头

当倾听者不赞成或不同意的时候,他可能会在衣服上轻轻地撕拉,就好像要消除微小的线头一样。择线头的人可能会盯着地板看,而不是注视着说话的人。这些细微的动作,揭示出他怀有许多没有说出来的反对意见和理由。

开放式表示不赞成

某个人如果厌恶他人的想法和态度,并且认为自己没有必要掩饰这种情绪和感受的时候,他可能会以很明显的动作表现出来。

1. 翻白眼

某个人如果对另一个人翻白眼,嘴角会向下降低,额头产生皱纹,眉毛向下,他可能正在思考对那个人感到不满的某些事情。比如,那个人支持的事情,或那个人所说的内容。

2. 嗤之以鼻

某个人如果不相信或不喜欢另一个人所说的内容,他可能会表现出这个动作和姿势——抽动肌肉,鼻子会斜向一边,就好像要让鼻子远离令人讨厌的气味一样。

3. 食指互指

伸出两只手的食指,指尖相互对指,接着向彼此移动,然后再分开(参见图2)。在西班牙和拉丁美洲,这个动作表示不同意。

羞辱性的姿势

侮辱性的姿势主要涉及头和手。这里给出了几种姿势和动作。

1. 用头部表现的羞辱性姿势

（1）轻叩头部

一个人用他的食指反复轻叩头部。尽管这个人轻叩的是他自己的额头或太阳穴，但是这表明他认为别人的大脑出了什么毛病。

（2）用两只手轻叩头部

在这个动作中，两只手同时轻叩头部。这个动作表示另外一个人做出的蠢事给了他强烈的刺激，激怒了他。

（3）在太阳穴处打圈

用食指指着太阳穴，并进行小范围的打圈。这个动作表明自己的大脑处于紊乱无序的状态，或者表明某个人就像一只被用坏的钟，需要上发条。

（4）伸出舌头

一个人只是面对着他想要羞辱的那个人伸出舌头。与摇头表示"不"一样，这个动作起源于婴幼儿时期拒绝食物的动作。这个动作在孩童中非常普遍，受到了广泛的运用，而且在一些成年人中也可以看到。

2. 用手臂表现的羞辱性姿势

（1）击打肘部

右手上举，掌心向前。左手握拳放在右臂的肘下，与此同时，右臂向下砸左手的手背。在荷兰，这个姿势意味着"迷失了方向"。

（2）击打手腕

当左手与右手腕做出劈砍动作的时候，右手向上轻弹。这是一个表示"走开"的姿势，主要被使用于突尼斯、希腊等国家。这个动作可能源于一种惩罚性的动作——在将小偷驱逐出部落之前先砍掉他的手。

3. 用手表现的羞辱性姿势

（1）用手推

五指伸展，掌心向前，好像要把什么东西推开一样，一般推向他人的脸部。在希腊，这是一种古老的表示羞辱的方式，意思是说"去死吧""见鬼去吧""下地狱吧"。这种方式源于战争时期的拜占庭人，他们会从大街上舀出一堆淤泥或粪便，胡乱涂到俘虏或囚犯的脸上，以示羞辱。

（2）"V"字形手势

掌心向内的V字形手势在英国有"走开"的意思。大多数人认为这个姿势具有性侮辱的含义。一般认为这个手势始于中世纪时期的英国，当时英国人一般用弓箭作战，法国人威吓说抓住英国的士兵一律砍掉他们使用弓箭最得力的两根手指。后来，英国战胜，弓箭手们傲然地伸出这两根手指，以对法军表示蔑视。

表示敌意的姿势

有的时候，厌恶情绪变得越来越强烈，足以演变成公开的冲突。一般事先会有一些警示性的迹象，表明可能会出现打斗。这主要表现在男性之间，下面给出这方面的例子。

1. 判断彼此的性格

如果两个陌生男人感觉对他们自己缺乏信心，则可能会设法表明他们的男子气概。他们站立着，手叉腰，或者将手指卡在腰带处，这个姿势是为了吸引别人注意自己的身体（参见图3）。一些研究人员认为，这个姿势意味着"我比你拥有压倒性的优势，因为我很强壮"。如果两个男人仅仅是在友好的谈话中判断彼此的性格，那么他们可能半侧着身体，半面对着彼此。

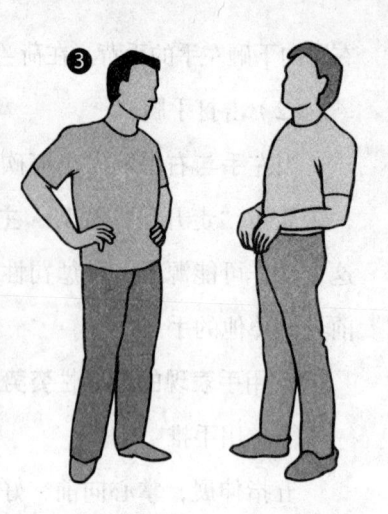

2. 准备打斗

如果他们面对面地站着，两脚分开，手叉腰，或者将手指卡在腰带处，表明他们可能非常讨厌对方，并且可能准备开始一场打斗。

突然停止打斗

敌对双方可能做出进攻性的姿势，而不是真正袭击对方。其中一方可能会针对另一方或某个人或某件东西，表现出这些威胁性的姿势和动作。

1. 晃动拳头

这个动作是在对手面前用拳猛击空气（参见图4）。

2. 抬起手臂

这个动作就是抬起一只手臂，好像要袭击对手一样，但是却突然停止（参见图5）。

其他的动作还包括一个人猛击自己的拳头，或者猛击桌子。

支配他人

一个人如果想支配别人，当他问候、陪同或护送那个人的时候，他可能会在不知不觉中使用一些特定的姿势，或者明显地突出这些姿势。这种类型的支配往往是善意的。入侵私人空间是一种更加公然、不友善的支配形式，可能会被人蓄意地用于胁迫他人。

1. 支配性握手

当一个人伸出手和他人握手的时候，如果掌心向下，从总体上来说，这个姿势会逼迫另一个人手掌向上翻转，处于服从和柔顺的姿态与之握手。这是支配性的握手方式。当商界人士希望能够控制一场互动活动的时候，他们可能会用这种方式与对方握手。

2. 折骨式握手

两个皆有支配欲的人握手时，每个人都可能会不加夸张地设法占据上风地位。最后的结果是两个人紧紧地握手，手掌垂直合并，两个拇指平行。

如果每个人都想具有进攻性，想支配对方，握手看起来可能就不那么友好了。但是，在西方，紧紧地跟人握手通常被看作是真诚的象征。

3. 为他人领路

主人经常会将一位客人带入一间满是客人的房间，将这位客人介绍给大家。要这么做，这位主人可能会做许多事，比如，将一只手张开，把手掌放在这位客人的肩胛骨之间的背部，轻轻压放在这个部位，引领这位客人朝正确的方向走。在这种互动之中，主人和客人的角色其实是在效仿父母和孩子之间的角色。

4. 两腿分开跨坐

如果一个强有力的人希望自己能够插入一群人的谈话中，并设法控制谈话的局面，他可能会使用一种防御性的方法。这个方法就是两腿分开，跨坐在一把椅子上，这样一来，两只手臂就可以放在椅背上。一方面，这个跨坐在椅子上的人在身体上感觉到椅背会保护自己，因此不会受到其他成员的敌意伤害。另一方面，他还可能觉得即便自己不盛气凌人，也更易于在这场群体对话中占据支配地位。

无意识的防御性动作

一些情形会让人感到格外不安和不自在。例如，在商务会谈上不同意盛气凌人者的观点，或者在圣诞晚会上遇到公司的董事长，或者问候一大群并不熟悉的客人，或者第一次上台演讲。当我们还是孩子的时候，遇到诸如此类的"困境"和"威胁"，我们可能会躲到妈妈的身后，或者藏在家具的后面。当我们成人之后，我们可能会在不知不觉中"建造"一些障碍，而我们往往会直接利用自己的手臂和腿。一些研究人员认为，利用这些障碍物实际上是自己为难自己。给自己信心，让自己放心，打消自己疑虑的形式，是一种保护性的动作，源自于婴儿从母亲的拥抱中得到的安全感。

1. 防御性的手和手臂姿势

双臂交叉放在胸前几乎是一种出于本能的动作，这么做是保护心脏和肺部远离外界的威胁。研究人员已经确定了几种主要的双臂交叉的保护性姿势。

（1）基本的双臂交叉

两只手臂交叉放在胸前，一只手放置在另一只手的上臂上，另一只手则塞在肘部和前胸之间。当我们觉得紧张或焦虑的时候，我们往往会表现出这个姿势（参见图6）。

（2）紧紧握住交叉的双臂

两只手臂交叉放在胸前，两只手紧紧地握住上臂。焦虑不安的旅行者在搭乘飞机等候起飞的时候，或者紧张的病人在等着看

病的时候都可能像这样紧紧握住他们的上臂（参见图7）。

（3）双臂交叉时紧握拳头

双臂交叉，拳头紧握，还可能咬紧牙关，像是咬牙切齿一般。表现出这一姿势的人可能非常生气，以至于他们防御性的敌意如同箭在弦上，蓄势待发一样（参见图8）。

（4）双臂不完全交叉

一只手紧紧地握住另一只手臂，被握的手臂是下垂的。一个人如果这么做，可能是在重新制造童年时父母牵着他所产生的安全感。有时当人们面对着一位听众的时候，他们往往会握住自己的手臂做替代。

（5）隐蔽的双臂交叉

双臂保护性地移至身体前面，这种姿势看起来像附带做了一些其他的动作。

◇将一只手移至身体前面，检查另一只手上拎着的手提包的扣带是否完好。

◇双手握住一个酒瓶。

◇整理衬衫袖子或袖口。

很多人往往会表现出诸如此类的姿势，当他们感到不确定或不确信，并试图掩饰这些感觉的时候就会这么做。

2.防御性的腿部姿势

双腿或脚踝交叉也可以表示一个人越来越觉得自己处于防御状态。这一次要防御的部位是生殖器官区。觉得自己处于守势（或消极状态）的人往往会交叉双腿，强化双臂交叉形成的障碍。相对于仅仅交叉双腿，交叉双臂所暗示的防御感或消极情绪更加强烈。与双臂交叉相似，双腿和脚踝交叉有好几种表现形式。

（1）站立的时候，双膝交叉

一条腿交叉放在另一条腿的前面。在集会中往往可以看到这种站姿，在这种场合中，人们可能不太了解彼此，因此，会略微地感到紧张和焦虑。

（2）跷着二郎腿坐着

如果男士惹女友生气了，女孩子坐在他的旁边，可能会将坐姿转变为防御性的或消极的跷着二郎腿和双臂交叉的姿势。

小心误解：许多人像这样坐着倾听别人的讲话或观看音乐演出。

（3）坐着的时候，小腿放在大腿上

研究人员认为，这一姿势主要是男性采用的姿势——尽管女性也会这么做。一条腿的小腿放在另一条腿的大腿上。事实上，这个姿势表现出一个人好斗，而不是处于防御状态。当一名听众倾听一位"挑衅者"说话时，起初他会以防御性的姿势坐着，但是，当他想要对一个观点提出质疑的时候，他可能会突然呈现出小腿放在大腿上的姿势。英国或澳大利亚男人比美国男人更有可能表现出这一姿势，因为他们一般会这么坐着。在世界的某些地方，这种坐姿是在侮辱他人。

（4）坐着的时候，努力将小腿放在大腿上

在这个姿势中，两只手都紧紧握住放在另一条腿上的小腿。在辩论会或讨论中，当人们强烈地维护自己的观点且不愿意改变这些观点的时候，他们有可能会像这样坐着。

（5）脚踝交叉

一只脚踝与另一只脚踝交叉。不管是男人还是女人，当他们感到焦虑或消极，而且在设法抑制这些情绪和感受的时候，就有可能交叉脚踝。

（6）站着的时候，一只脚勾腿

研究人员认为，这个姿势主要是女性采用的姿势，一只脚勾着另一条腿的小腿。当一个人在抵制一种销售策略的时候，可能会表现出这种姿势。

（7）坐着的时候，一只脚勾腿

一只脚靠近另一条腿的后部，抵靠住小腿。这是坐着的时候与站着时一只脚勾腿相对应的姿势。

有意识的防御性动作

表示"好运"的姿势是人们最为熟悉的有意识的防御性动作。

大多数人经常为一些事情的结果担忧，比如能否涨工资、成功晋升或生孩子。此时，许多人都会做出一些特别的动作，期望为自己带来好运，或者让自己免于不幸或不良的影响。

1. 手指交叉

一只手的中指与食指交叉，拇指压着缩在手掌中的其余手指。这一动作非常普遍，在英国和斯堪的纳维亚半岛十分常见。

2. 握紧拳头

两只手放低，握紧拳头，拇指缩在拳头里面。这是德国式的"好运"姿势。

通过表情辨别真诚与欺骗

你如何辨别人们什么时候说的是真话，什么时候在撒谎？你如何辨别人们什么时候表达的是他们自己的真实感受，什么时候说的话只是出于礼貌？答案就是：通过核对他们所说的话和表现出来的身体语言，看看二者是否一致。因为我们的身体本身就有一套无声的表达方式，告诉人们"我说的是实话"，或"我隐藏了某些事情"，或"我在撒谎"——这些指示物往往比言辞更加可信。

真诚的表现

1. 在一般的互动中

当我们希望某个人相信我们所说的都是事实时,我们往往会看着对方的眼睛,并伸出双手,掌心向上,表明我们什么都没有隐藏。人们往往会在不知不觉中表现出这个无意识的动作,以强调诸如"相信我"或"诚实地说,真的没有发生什么事情"此类的话。

2. 表现真诚的手势

将手伸展出来是值得信任的一大信号,这种手势由来已久,在世界范围内都可以看见。

(1) 打招呼和挥手

人们在彼此靠近的时候会伸手,并向对方挥手,这个动作最初的目的在于向对方表明自己没有携带任何武器。

(2) 握手

人们见面的时候会握手,这个动作最初的宗旨也是在于向对方表明自己没有携带任何武器。有的时候,人们会选择夸大的握手方式以突出他们问候的诚意。

(3) 发誓

一些人在宣誓的时候,往往会举起右手,与肩齐高,手掌平展,掌心朝前。

(4) 宣誓表示忠诚

美国公民在对着国旗宣誓表示忠诚的时候,会将右手放在心脏处，表明自己属于这个国家。将手放在心脏上的这个动作可以追溯到古罗马时期，在那个时候，奴隶们用这种动作来表明他们忠于自己的主人。

欺骗他人的迹象

在许多社交场合以及日常生活中，人们常常说假话。例如，参加聚会的一位客人可能不太喜欢某种食物，但是为了避免冒犯和得罪主人，他可能假装十分享受这种食物。

撒谎者要想达到预期效果不仅要能够尽可能自然地说话，还要让说出来的话与身体语言相一致。要克制身体和四肢无意识地做出一些动作，以及脸上出现转瞬即逝且感觉真诚的表情往往很难。但不这样做，就会泄露实情。研究人员认为，我们的身体没有"说"出来的"事实"比我们说出来的话要有分量得多，前者的影响大约是后者的5倍多。因此，当说出来的言辞和身体语言不一致的时候，欺骗行为可能就是其中一个很重要的原因。但是，这也不是唯一的原因：一个动作可能显示出某个人感觉紧张，而不是因为他在骗人。

一组受测者进行了一项测试，结果有助于显示出哪些动作和姿势能为我们提供最可靠的线索，可以判断别人在骗人，而哪些动作又是最不可靠的线索。下面的线索中，开始的动作和姿势是不可靠的指示物，最后的一个是最值得信任的线索。

◇面部表情。

◇有意的动作。

◇手势。

◇自我触摸。

◇腿和脚的动作。

◇注视行为。

◇自主神经系统反应（比如脸红）。

除了最后一个迹象，下面内容对其他的迹象进行了充分而详细的论述。

1. 面部表情

面部表情最容易控制，也因此最难于解读。精于撒谎的人看上去往往像真正的开心或真的非常伤悲。在一次测试中，让一些人观察受测者的面部表情，然后猜测他们真实的情绪和感受。结果，猜测那些经常撒谎的人比猜测不经常撒谎的人更容易出错。但是，主要研究脸部表情辨识、情绪与人际欺骗的美国心理学家保罗·艾克曼在对人类面部表情进行了多年研究后，发现了下面这些线索，可以显示出人们隐藏的情绪或者假装的情绪。

（1）转瞬即逝的表情

有些感觉起来很真诚的表情会在 1/5 秒之内在人的脸上匆匆掠过。如此细微的表情可能会以悲伤或生气的样子暂时性地代替微笑。我们大多数人只会在不知不觉中流露出这种"微表情"。这有助于解释为什么有的时候我们会觉得一个人让我们浑身不自在——尽管这个人表面看起来非常友善，但是却不讨我们喜欢。

（2）克制的表情

这些感觉起来很真诚的面部表情，在人们意识到正在发生的事，并用他希望别人看到的表情取而代之的时候，克制的表情才会开始形成。克制的表情比细微的表情出现得更加频繁，而且持续的时间更长。因此，它们更易于被发现。但是，善于撒谎的人往往会小心翼翼，不让他们真实的情感以这种方式偷偷显露出来。

（3）可信赖的面部肌肉

可信赖的面部肌肉是最不受其主人控制的肌肉，因此，可信赖的面部肌肉向观察者显示出其主人的真实感受。人们会试图掩饰它们产生的作用和影响，比如微笑，可信赖的面部肌肉，尤其是前额的那些肌肉更有可能显示出真实的情绪和感受。

下面的3个例子阐述了可信赖的面部肌肉如何泄露某个人真实的感受，尽管他们可能正在微笑。

◇ 眉心上扬，额头出现皱纹，这流露出这个人的悲伤（参见图1）。

◇眉毛上扬并聚集在一起，这流露出这个人的恐惧或忧虑（参见图2）。

◇嘴唇紧抿，变窄，眉毛向下拉，向内紧缩，这流露出这个人在生气（参见图3）。

即便是可信赖的面部肌肉，也并不总是可靠。经验丰富的、惯于撒谎的人会克制这些肌肉。然而，被怀疑撒谎的无辜者表现出来的恐惧表情可能与真正的撒谎者的表情相似。

2.有意的动作

头部、手部或肩膀做出的动作能够表示言辞，比如，点头表示"是"，拇指和食指形成圆环的"OK"手势代表"一切都好"。但是，要表露出某个人的情绪或看法，这些手势和动作可能并不可信、靠不住，因为人们可以有意地做出一些动作和姿势。但是，人们有时会在无意中流露出他们本来想要掩饰的事情。

（1）不完整的手势和动作

当主人询问客人愿不愿意看看主人一家在假期旅游时拍摄的光碟，客人可能会说"愿意"。但是，也许他做出了一个不完整的耸肩动作，这就泄露出客人有些勉强。这个不完整的动作可能包括：微微地耸肩，或短暂地伸出双手。这是在表示"我无法说'不'"。

（2）有所掩饰的姿势

如果不伸出手臂，摊开双手做耸肩动作，一个人可能仅仅将手翻转，掌心向上，放置在他的大腿上。一个失意的人可能会在不知不觉中做出这个动作——将手指放在膝盖上。

3. 手势

人们有的时候通过手势来揭示事实的真相，或表露出他们内在的真实情绪和感受。当他们说话的时候，他们的手可能会在不知不觉中反映出他们的情绪和感受。

例如，一位紧张不安的政治家手掌向上——表示恳求的手部姿势，可能与他宣扬要有决心、有信心的主张相抵触。因此，撒谎的人往往会抑制自己使用难以控制的、会泄露实情的手部动作——将两只手紧握在一起，或将手插在衣兜里。他们尤其倾向于掩藏掌心。一个孩子如果否认自己吃了糖果，可能会将双手藏在背后。一位有外遇的丈夫可能在站着的时候双臂交叉，声明他是清白的。手势是很自然的事情，因此，当一个人没有做手势或一时说不出话来，敏锐的观察者可能会心存怀疑。但是，我们也必须记住，善于撒谎的人往往会做出让人信服的手势，将手掌向上，表现出自己非常"诚实"。

4. 自我触摸

欺骗他人的人做的手势往往较少，但是仍然可能会做出一些细微的自我触摸式的动作。自我触摸的大部分动作都是用手接触头部，尤其是嘴、眼睛、耳朵或脖子，就好像撒谎的人试图不想说、不想看、不想听谎话一样。这种欺骗可能是一个非常重大的谎言，或者只是某个人在脑子里努力解决疑难问题时被隐藏起来的恐慌。当然，这些动作也可能是出于习惯、紧张或某处发痒需要挠一挠。

（1）捂嘴

小孩子在撒谎时，往往会用两只手捂住自己的嘴。成年人发现自己在撒谎的时候，则往往采用捂嘴的弱化形式：他们不会捂嘴，而可能转而触摸脸颊、鼻子、嘴唇或额头。他们可能看起来像是在挠某处发痒的部位，但是，他们抓痒的动作很轻微，而且抓挠的地方并不集中。

（2）揉眼睛

为了避免与被骗的人视线相对，撒谎的人可能会突然揉眼睛。身体语言专家阿兰·皮斯认为，男人如果说了谎话，往往会用力地揉眼睛，或注视着地板，而女人则会轻轻地按摩眼睑，或看着天花板。

（3）揉耳朵

揉耳朵有几种变化形式：揉耳垂（参见图4）、摸耳根，以及挖耳朵。阿兰·皮斯通过研究认为，成年人的这些动作相当于小孩子捂住两只耳朵，避免因为自己撒谎受到大人的责备。

（4）摸脖子

摸脖子，以及拽拉衣领是自我触摸的另外的动作，当人们可能没有讲真话，或者对某些事情有所保留的时候，就会做出这些动作。

5. 腿和脚的动作

英国著名动物学家和人类行为学家德斯蒙·莫里斯认为，腿和脚的动作能够暴露出其欺骗行为，而且更加可信。这是因为我们往往更加关注人的脸部和手，忘记了下肢其实也能泄露人的内在情绪和感受。与身体在焦躁不安的时候一样，腿和脚的颤动动作往往显示出一个人想要离开。例如，一个女人如果用一条腿磨蹭另一条腿，这一动作是自我触摸形式——暴露了她并不那么端庄娴静，而她的表情可能让观察者认为她很一本正经。

6. 注视行为

注视的方向可能会揭示出掩藏的情绪或保留的信息。如果同伴的眼睛与我们视线相对的时间少于1/3，则他可能对我们隐藏了一些信息（但是，如果他们是韩国人，这样的行为可能是出于羞涩或礼貌）。一般来说，善于撒谎的人会和他人进行频繁的目光接触。

7. 身体移位

撒谎的人或保留信息的人往往会在座位上坐立不安，他可能比别人率先靠在椅子上，就好像他们要逃离所处的场合一样。百无聊赖的人在佯装感兴趣的时候，更有可能通过垂头的姿势让自己"现出原形"。

第三章
相由心生：人可以貌相

DI SAN ZHANG

脸形也是个性的表征

世界上没有完全相同的两片叶子，世界上也没有完全一样的两张脸，即使是双胞胎也会有些许的差别，因为一个人的面相不仅和父母的遗传有关，也和后天的成长经历、身心状况有关。人的面相与人的心理有着密切的关系，能够反映出人的性格、气质等。

1. 国字脸的人

他们的脸形方正，下巴尖瘦，是一般人所称的"国字脸"，他们有大而明亮的眼睛，小而有肉的鼻子和嘴巴。一般来说，他们是个性开朗、乐观、聪明、心胸很开阔的那类人，对自己的事通常没有什么忌讳。国字脸的人，前额和下颌都较宽，且下颌棱角分明，脸庞轮廓分明。方形脸的人为人处世就像他们的脸部轮廓一样，规规矩矩、是非分明，在生活中沉默寡言，对人对事冷静而固执，原则性非常强，遇事不懂得变通，因此容易得罪别人，人际关系不是很好。他们很讨厌花言巧语爱吹牛的人，凡事看重实际。

如果你问他们："你的皮肤真水嫩啊，你应该不到30岁吧？"

他们会马上回答你:"哪里啊,我都快 40 岁了!"如果在细问几句,他们甚至会把生辰八字一股脑儿全告诉你。他们个性积极主动,一般喜欢你用直接的语气问话。

2. 鹅蛋脸的人

他们有着偏圆、呈鹅蛋的脸形,眼睛大而圆,樱桃小口通常还带着笑意。一般来说,这类人头脑清醒、聪明,记忆力好。他们口齿清晰,足智多谋,处事往往经过深思熟虑。但是他们的个性有时候像个孩子一样漂浮不定,有时会给人一种反复变化、心机很重的感觉。

他们往往是虚实相加的高手,他们说过的话,你得仔细筛选,即使你和他们交往了一段时间,他们提供给你的信息你也不可以全信。一般来说,他们对自己很有自信,最怕被人轻视,所以只要是他们打定主意不说的事,无论你怎样打探都不会有结果。虽然他们表面上看交友广泛,但其实极注重家庭隐私,除非他们对你有极高的信任,否则你别想和他们的家人扯上关系。

3. 椭圆形脸

即前额与下颌的宽度大致相同,脸的长度大概是宽度的一倍。椭圆形脸的人通常争强好胜而且性格急躁,不喜欢听到反对自己的意见,嫉妒心强,眼睛里容不得比自己优秀的人,但如果能够把这种嫉妒化成动力,在工作上会有非常出色的表现。

4. 圆脸的人

脸庞平滑，没有凸出的脸颊或颚骨。这种人通常面色红润，即使不笑也脸带喜色，头发有光泽。所以，他们大多热情、冲动、多才多艺、为人和蔼、谦恭有礼，但是他们往往不够坚定，有点浮躁，有时候做事情会拖拖拉拉的。

5. 瘦长形脸的人

他们通常皮肤偏黑、头发浓密，为人和蔼可亲，但非常敏感，常常闷闷不乐、郁郁寡欢，他们非常懂得居安思危、未雨绸缪，但也常常给自己找不必要的烦恼，对自己和别人都要求严格，经常对周围的人和事感到不满。

6. 倒三角脸形的人

他们通常骨骼明显，颧骨很高，两腮几乎没什么肉，整张脸几乎呈倒三角形。他们的五官清晰立体，浓眉，眼睛细长。一般来说，他们的个性风风火火的，动作快，说话也快。但是他们一般比较急躁，脾气不好，做事往往三分钟热度，缺乏耐心。因为他们脾气火暴，所以最讨厌你说话吞吞吐吐，含糊不清。他们很重视平等，一般比较喜欢交朋友，心情好的时候，可以有求必应。

他们一般和家人的关系不是很亲近，如果你询问他们与家人有关的话题，他们可能会"沉默"，甚至反感你继续追问。所以如果想询问他们和家人的关系，你可以先说自己和家人的关系，最好用诉苦的方式，这样往往能引起共鸣。

此外，看一个人的脸部比例的大小，也能对**他的个性略知一二**。和身体相比，脸部比例小的人，个性比较保守内向，他们总是遵循传统和主流规则，谨慎胆小，因此很少有所突破。他们的口头禅多半是"是吗""真的吗"这样的疑问句，对新鲜事物和陌生事物有一种天生的怀疑戒备心理，做决定的时候往往犹豫不决，总是需要征求别人的意见、让别人推他一把才能大胆改变。不过，他们在工作上通常扎实稳重，是非常可靠的实干者，适合烦琐细致的工作。相反，脸部比例相对较大的人，通常性格外向、朋友众多，他们处事圆滑，善于和不同的人打交道，而且具有冒险精神和开拓精神，在工作中喜欢挑战，希望能够独当一面，上进心很强。

不同体形的人有不同的性格特征

细心观察身边的朋友，你会深有体会。如果你的朋友拥有瘦削的健壮身材，你能无时无刻地感受到他们的快乐，并能受到他们情绪的感染。他们积极热情，无论什么事都愿意接受挑战。他们拥有坚强的信念，充满自信心，坚持不懈。有这样体形的人，判断及裁决迅速果断,坚信"天生我材必有用"。在工作中,他们是值得信赖的好伙伴,商业交往中也多是好顾客。

通常,人们在工作或社交场合中总是把自己的内心包裹得严严实实,要想了解一个人的性格,并不简单。但是至少有一样东西是难以包裹的,这就是他的体形。人的体形无法受到意识控制,然而却能反映内心。因此我们可以通过体形识人,来大致判断别人的性格。

以下我们就介绍5种不同体形的人及其相关性格分析:

1. 肥胖型

这种体形的人的特征就是在胸部、腹部、臀部上堆积了一些赘肉,一旦腹部等处凝聚大量的脂肪,俗称的"中年肥胖"便出现了。这类人能很快适应周围变化的情绪,大多属于好动的人,乐于偷懒和被人奉承,有时在工作中耍点小聪明。其中许多人仍容易被周围的人理解,是受欢迎的人。

他们的性格特征是热情活泼,喜好社交,行动积极,善良而单纯,经常保持幽默或充满活力,也有温文尔雅的一面。他们中有许多人是成功的企业家,他们的理解力和同时处理许多事物的能力强,但考虑欠缺一贯性,常失言,过于草率,自我评价过高,喜欢干涉别人的言行,喜欢多管闲事。在工作中,如果有人无法默默地顺从他们的意志时,他们就会立即与该人断绝来往。

2. 苗条而有心事型

苗条是针对瘦弱的人所用的词语，瘦弱型的许多人都隐藏心事，给人无法接近和很难交往的感觉。瘦弱女性大都个性刚烈，生起气来男人都招架不住。这类人最大的特色是冷静沉着。但其性格十分复杂，存在互相矛盾的地方。对幻想中的事物兴趣大，不让他人了解自己的内心世界或私生活。此类人不愿与平常人相交为友，而表现出一种令别人意欲与他接近的贵族气质，他们身上常散发着一种浪漫情调。

如果你想与这类人交往，你要了解他们善良、细致的心。他们通常在生活上严谨慎重，意志薄弱，是很难交往的人。他们专心于鸡毛蒜皮的无聊小事，骄傲而外表冷漠，当无法下决心时，凭冲动决定事物。天生对手工艺、文学、美术感兴趣，对流行服饰感觉敏锐。

3. 强健型

拥有这样身材的人肌肉发达，体态匀称，头部肥大、筋骨强壮、肩膀宽阔，他们通常是黏液质类型的人。他们的言行循规蹈矩、一丝不苟，诚恳忠实，不少人是举重、摔跤选手或公司领导。如果你去翻看他们的抽屉，一定是井然有序，写的字也是一笔一画的正楷。

这类人的另一个特征是速度迟缓，说话绕弯子，唠叨不停。如果你叫他们写文章，必定是十分烦琐，谨慎而周到，洋洋洒洒的一大篇。他们是足以让人信赖但又稍嫌欠缺趣味性事物的人。他们有顽固执着的一面，也有拘泥于形式思考的习惯。如果你想把握这种类型的人，不妨偶尔利用闲谈或请客来试试他们。

4. 娃娃脸半成熟型

这类人怎么也看不出年纪大小，脸长得像个娃娃，即未成熟型的人。他们大多以自我为中心，个性强，这种性格又称为显示性性格。谈话时若不以他们为中心，他们就会很不愉快，他们完全不听他人的话，属任性类型。

他们不一定精通每一行，但拥有广泛的知识，谈吐风趣，擅长幽默。谈话常用"我……"的方式开口，没完没了。他们属于天真而无心机的人，但他们自己并不知道自己没有成人个性和思想，所以是个悲剧。如果自己被追捧，就很好；如果被冷遇，就会嫉妒。

5. 瘦弱细线条型

这类人强烈的敏感性使他们对自己周围的变化十分敏锐，常常会过于留意周围人的动静。这类人中绝对没有脑筋差的人，知识分子为多数。他们无论什么都自己承担一切责任，当他们犯错时常会说"都是我不好……"。

这类人心理不稳定，容易失衡，心情焦虑，自己却能经常发现自己的这种缺点，具有丰富和细腻的感情。文静、真诚而又顺从的神经质的性格，给别人的印象是没有自主性、迟钝、性情易变、不易相交。对于受这类朋友或上司之托的事，一定要如实地实现，遵守约定，注意礼节，等等。

总之，从许多的事实看，某种体形的人也确实容易形成某种个性品质和特征，借此对人的心理进行粗略观察和初步判断。只要别过于呆板，也还是有一定效果的。

眉形间隐藏着丰富的内心信息

从生理学来说，眉毛对保护眼睛功不可没，而在美学上，眉毛的作用也不可小看。另外，不同的眉形也给我们披露了人们丰富的内心信息。

1. 威虎眉

这类人的眉毛清秀而修长，眉毛向上，给人一种威风凛凛、不可侵犯的感觉。他们胆子比较大，敢作敢为，有顶天立地的责任心，因此，事业往往有比较大的成就。

2. 罗汉眉

此种人的眉毛短而杂乱,从整体上看,显得局促而疏散。他们的眉毛就像长期劳碌的样子,给人一种落魄的印象,运气总是不好,但苦尽甘来,他们早年艰辛,中年往往有所成就,如果有一个得力的妻子管家,家产会有保障。

3. 狮子眉

这种人的眉毛粗壮而平直。狮子虽然给人威猛的感觉,但不像老虎那样凶猛,因此人们认为,这种人一辈子比较平淡,中年以后才有可能发达。在事业上属于大器晚成型。

4. 螺旋眉

这类人的眉毛既像一个螺旋,又像烫过的卷发,每一根眉毛都卷曲起来,给人一种比较威严的感觉,有如战场上的将军。可能是人们经常把这种人当成将军,所以他们常常用将军"兵不厌诈"的思维去处理问题,生性多疑,与人的关系比较冷淡,对家人也是一样。由于他们沉着冷静,所以寿命较长。

5. 利剑眉

此类人的眉毛粗壮,眉头斜上,形如短剑,往往给人凶悍的感觉。一般而言,他们的脾气比较急躁,心胸比较狭窄,与人的关系不很融洽。所以一方面他们要注意身体,另一方面应该特别注意陶冶自己的情操。

6. 卧蚕眉

这种类型的人的眉毛清秀而细长,眉头眉尾比较细,眉的中间较粗。传说关羽长着这样一对眉毛。他们生性比较机灵,为人仗义。虽老谋深算,但给人一种英俊的感觉,往往是少年得志。由于比较清高,使人产生敬意,所以与人的关系常常不很和谐。

7. 细弯眉

这种人的眉毛清秀而弯长,眉尾微微上翘,眉毛细长,看起来聪明伶俐。他们谦恭而文雅,非常注意品德的修养,很有作家的风采。与人的关系较好,做事容易取得成功,一生平安,吃穿不愁。

8. 柳叶眉

这类人眉毛较粗,眉尾弯曲,呈现出不规则的角状,就像春天的一片柳叶。他们表面上给人一种糊涂的感觉,但对人对事往往是哑巴吃汤圆——心中有数。他们比较诚实,与朋友的关系很融洽,家庭观念却比较淡薄。因为朋友很多,中年之后,往往事业有成,名声较大。

9. 短秀眉

这种类型的人眉毛短促而清秀，漆黑有光，给人一种慈眉善目的感觉。他们比较讲求信义，抱负远大，心地善良，对家庭负责，对朋友忠义，对父母有孝心，被人认为是有福之人。

10. 八字眉

此类人的眉毛像一个"八"字，眉尖上翘，眉梢下撇，眉尖细而浓，眉梢广而淡。这种人不仅看起来比较英俊，而且为人善良，极为勤奋，因而一生衣食无忧，但是终生劳作不息，有时还得不到家人的理解。

11. 扁担眉

这种人的眉毛眉头眉尾粗细均匀，给人一种清明的感觉，因形状像扁担而得名。他们比较孤僻，但能够专心做事，很容易获得功名富贵。因为心态坦然，故身体健康，寿命较长。

12. 短眉

此种人眉短不过目，性情上自私易怒，不轻易与人妥协，多愁善感，和家人的缘分浅，结婚的机缘也很少，即使结婚也容易离婚或与另一半冷战。

13. 三角眉

也称勇士眉，很多杀手或武士有这种眉。他们刚毅果决，不怕遭遇挫折，喜欢以自我为中心，因而事业上常常是孤军奋战。

嘴唇薄的人，通常爱吹毛求疵

人的外貌特征与道德品质总有一种潜在的细微联系。如品行端正者作风也正派，贼眉鼠眼者多为人奸诈，嘴唇厚薄也同样遵循这一规律。老一辈的人常说："说那么多话，嘴唇都磨薄了。"是的，如果看电视，那些尖酸刻薄的人，一定长着薄嘴唇，好像他们生来就爱耍嘴皮子，唠唠叨叨把嘴唇都磨薄了。生活中，细心观察也可以发现，嘴唇薄的人，遇到事情很喜欢吹毛求疵。因为在他们的概念中，好像只有用滔滔不绝的语言才能战胜对方，厚道和诚信是派不上用场的。

一些身体语言学家对人类的嘴唇也进行了研究，总结出了许多经验。他们不仅得出嘴唇与身体健康相关的结论，也得出了嘴唇厚薄与人的品质性格有关的言论。如：

1. 嘴唇厚的人憨厚、实在

嘴唇厚的人总给人一种憨厚、诚实、与世无争的感觉。这种人心地善良、仁慈。在为人处世中，他们总是诚恳待人，诚信做事，对朋友、同事重感情、讲信用，但是，这种人缺乏自己应有的主见；办事缺乏足够的果断。如果一个人有两片丰润的朱唇，还表明他身体健康。

2. 嘴唇大且厚的人性格坚强

嘴唇大而厚的人往往会给人留下沉着稳重、脚踏实地的印象。通常而言，这种人性格坚强，内心世界感情丰富，具有很强的自尊心和好胜心，做起事来，总有一股冲劲和拼搏力，不达目的，他们绝不肯善罢甘休。为什么嘴唇大而厚的人会给人以这种感觉呢？嘴唇厚的人，面颊通常比较丰满，因此给人一种忠厚老实的感觉，而这种人待人温和，具有良好的人缘。为了保持这一系列优势，他们对自己的工作会愈来愈尽职尽责，做起事来也会更加脚踏实地。

3. 嘴唇松弛的人缺乏耐力

嘴唇松弛的人给人一种松松垮垮的感觉。这种人身体一般不会很好，因此办事缺乏足够的体力支持，无论做什么事情，只要过一会儿，他们就会感到精疲力竭。他们适合干那些风风火火的事，因为他们的动作通常会如兔子般敏捷，他们从不缺爆发力，往往缺少些耐力。所以他们应该注意锻炼身体和增加营养,把体力和意志都提到一个新的高度。

下巴也是一个人个性的象征

在所有人体部位中,下巴是生理和心理学家研究得最透彻的一个部位。下巴不仅可以用来发声和咀嚼,外形上男性的下巴稍有棱角,女性则较为浑圆,通过观察下巴我们还能知道一个人的个性如何。

如果一个人的下巴呈半圆形或是椭圆形,看起来宽厚、浑圆,长有这种下巴的人为人比较和善,性格忠厚踏实,做事积极卖力。如果男人长有圆下巴,那么他一定是个性格开朗,乐于助人的人,会是一个很好的朋友。如果女人长有这种下巴,则她比较善解人意,并且家庭观念很强,成家之后,会是个贤妻良母。所以圆下巴的人一般都能拥有美满的婚姻生活。

在与人相处上,由于他们温和的性格,能给身边的朋友带来一种安全感,所以容易得到朋友的信任。

如果一个人下巴呈方形,下巴底部有左右两个棱角。这样的人则是天生的行动派,个性刚毅果断,一旦有了想法,就会立刻展开行动,并会有一种不达目的不罢休的坚韧精神。

此外，方下巴的人还是个理想主义者，有时他们明知道这样做会对自己不利，但仍然会付诸行动，最终如果能够取得成功，他们会认为是理所当然，如果最终以失败告终，则会一反常态，容易做出一些极端或带有破坏性的举动。

由于方下巴的人有强烈的进取心，他们一般容易在所从事领域获得成功。这种个性表现在爱情上，对于自己中意的人则会锲而不舍，即使遇到阻碍，也会想尽办法排除万难，努力追求。

另外下巴比较尖的人，通常性格比较活泼开朗，招人喜欢。但也比较争强好胜，自尊心很强。也很怕被人欺骗，如果不小心得罪他，很可能招到他的记恨。下巴尖且短的人，个性善变、急躁，好冲动，做事常常欠缺周密的思虑，缺乏计划与耐力，喜欢提出一大堆问题与构想，但是事后却无力完成。尖下巴的人喜欢把爱情理想化，并且有较高的审美观。

通过观察下巴帮助我们识别人的个性。与下巴比较圆的人做朋友或是做恋人，会让你的工作或是生活更加轻松，你可以得到他们慷慨的帮助。和下巴比较尖的人来往，可以让他们帮助你提高审美能力。

第四章
手足连心：从不说谎的肢体语言

DI SI ZHANG

点头如捣蒜，表示他听烦了

　　点头是最常见的身体语言之一，它可以表达自己肯定的态度，从而激发对方的肯定态度，还可以增进彼此合作的情感交流。点头能够表达顺从、同意和赞赏的含义，但并非所有类型的点头姿势都能准确传达出这一含义。点头的频率不同，所代表的含义就有可能不同。

　　缓慢的点头动作表示聆听者对谈话内容很感兴趣。当你表达观点时，你的听众偶尔慢慢地点两下头，这样的动作表达了对谈话内容的重视。同时因为每次点头间隔时间较长，还表现出一种若有所思的情态。如果你在发言时发现你的听众很频繁地快速点头，不要得意，因为对方并非就是赞同你的观点，他很可能是已经听得不耐烦了，只是想为自己争取发言权，继而结束谈话。

　　刚刚大学毕业的明宇去一家单位面试，负责面试的是一个年轻女孩。问了几个常规问题后，她话锋一转问起明宇的兴趣爱好。明宇随便聊了几句法国小说，张口雨果闭口巴尔扎克和她聊了起来。年轻考官好像很感兴趣，对他不住地点头，明宇仿佛受到了鼓舞。话题轻松，聊的又是明宇的"强项"，他有些有恃无恐，刚进大学那阵子猛啃过一阵欧洲小说，觉得还真帮上了大忙。见考官这么有兴致，明宇当然奉陪。眼看临近中午，年轻的面试官不住地点头、不停地看表，明宇还没有停下来的意思，原定半小时的面试，他们谈了一个多钟头。面试结束，考官乐呵呵地说："回去等消息吧。"明宇也乐呵呵地说："希望以后有机会再聊。"明宇回去悠闲地等，最终也没有等到复试的通知。

从这个例子可以看出，听众在你发言的时候不停地点头，往往不是对你十分赞同，而是觉得你说话太啰唆，他只是想借助这个动作让你不要再多说。明宇在表达的时候不顾及他人的肢体语言传达出的感受，一相情愿地侃侃而谈，如此会错了意又怎么会有好的谈话效果？同时，经过心理学家的实验证实，当对方做"点头如小鸡啄米"这个动作时，当他快速地点头的时候，他其实很难听清你在说什么。被父母唠叨的小孩子身上也能经常见到这样的动作，当父母说"你不能……"的时候，孩子会频频点头，嘴里叨念着"知道了，知道了"。这样的动作恐怕真是答应得快，忘记得更快了。

如果对方是真正赞同地点头，他会在你说完话后，缓慢地点头一下到两下，这样表示他是在用心听你说话。如果他希望你继续提供信息，他会在你谈话停顿时，缓慢而连续地点头，他是在鼓励你继续说下去。点头的动作具有相当的感染力，能在人的心里形成积极的暗示。因为身体语言是人们的内在情感在无意识的情况下所做出的外在反应，所以，如果他怀有积极或者肯定的态度，那么他说话的时候就会适度点头。

对方与你的身体距离，折射出与你的心理距离

小平是一个推销保健品的业务员。一天，她在小区里遇到了同楼住的王大妈，也许是平日里"低头不见抬头见"的关系，她向王大妈介绍保健品的时候格外热情。在整个讲解的过程中，她不断拉王大妈的胳膊、搭肩膀、贴耳说话，想让王大妈快点买她的保健品。可是适得其反，王大妈紧缩双眉，小平向她靠近一步，王大妈就退后一步，始终和小平保持着一定的距离。最后，王大妈婉拒了小平推销的产品。

从例子中可以看出，王大妈的身体语言曾多次暗示小平，她并不想买小平的产品，她对小平并不信任，可惜小平没有读懂。有个很简单的技巧可以判断你的谈话对象是否信任你，即在你们站定后，如果你轻轻上前一步，想拉近你们的距离，而对方却后退一步，这很明显他对你有戒备心，他并不信任你；如果这时你还不识相地再近一步，他会愈发不信任你，他每退一步，就对你的信任打了折扣。

人与人相处需要一定的距离，想让对方信任你，先要保持"让对方舒适"的距离。在这一点上人和动物其实是相似的。叔本华曾经讲过一个刺猬哲学。一群刺猬在寒冷的冬天相互接近，为的是通过彼此的体温取暖以避免冻死，可是很快它们就被彼此身上的硬刺刺痛，相互分开；当取暖的需要又使它们靠近时，又重复了第一次

的痛苦，以至于它们在两种痛苦之间转来转去，直至它们发现一种适当的距离使它们能够保持互相取暖而又不被刺伤为止。

根据叔本华的这一比喻的延伸，人与人之间也应有一定的距离。以日常生活中乘坐公交车为例，如果上车后你发现只有最后一排还有几个座位，走在你前面的一位大爷坐在了中间，旁边还有四个座位，这时，你会坐在哪里呢？一般情况下，你多半会坐在两边靠窗户的座位上，而不会紧挨着那位大爷坐下。这是因为人在潜意识里会不知不觉地和不熟悉的人保持一定的距离。

美国人类学家爱德华·霍尔博士将人类的这种距离关系划分为4种：

1. 亲密距离

这是你和他人交往中的最小间隔，即我们常说的"亲密无间"，其范围在15厘米之内，彼此间可能肌肤相触、耳鬓厮磨，以至于相互能感受到对方的体温、气味和气息；其远范围是15～44厘米，身体上的接触可能表现为挽臂执手或促膝谈心，仍体现出亲密友好的人际关系。

2. 个人距离

这是人际间隔上稍有分寸感的距离，较少有直接的身体接触。个人距离的近范围为46～76厘米之间，正好能相互亲切握手，友好交谈。这是与熟人交往的空间。如果你以陌生人的身份进入这个距离会构成对别人的侵犯。个人距离的远范围是76～122厘米，任何朋友和熟人都可以自由地进入这个空间。不过，在通常情况下，较为融洽的熟人之间交往时保持的距离更靠近远范围的近距离76厘米，而陌生人之间谈话则更靠近远范围的远距离122厘米。

3. 社交距离

人际交往中，亲密距离与个人距离通常都是在非正式社交情境中使用，在正式社交场合则使用社交距离。这已超出了亲密或熟人的人际关系，而是体现出一种社交性或礼节上的较正式关系。其近范围为1.2～2.1米，一般在工作环境和社交聚会上，人们都保持这种程度的距离。

4. 公众距离

这是公开演说时演说者与听众所保持的距离。其近范围为3.7～7.6米，远范围在7.6米之外。这是一个几乎能容纳一切人的"门户开放"的空间，人们完全可以对处于空间的其他人"视而不见"、不予交往，因为相互之间未必发生一定联系。因此，这个空间的交往，大多是当众演讲之类，当演讲者试图与一个特定的听众谈话时，他必须走下讲台，使两个人的距离缩短为个人距离或社交距离，才能够实现有效沟通。

当然，人际交往的空间距离不是固定不变的，它具有一定的伸缩性。生活中,你要关注谈话对象的肢体语言,因为随便进入他人的"亲密范围",不光会使他对你的信任度降低,还会使他对你的反感加深。

从脚尖的方向看对方是否对你感兴趣

我们在阅读身体语言时,很容易忽略脚尖的指向。似乎脚在地上的摆放位置只是一种天然的习惯,没有更多的深意,所以脚尖朝向也就不值得探讨。实际上,当人类的上身在自身潜意识的作用下发生偏移的时候,他们的下肢也会随之移动。

我们对身体语言的研究通常会重点关注上肢动作,例如手势等。但其实,下肢动作更能反映人的内心,下肢动作也很难撒谎。大部分人在注意了自己的上肢动作后都很难顾及下肢的动作,于是内心最真实的想法就很容易通过下肢动作流露出来。比如他的脚尖就会不由自主地朝向他关注的事物。例如,几个朋友一起结伴到餐馆吃饭,他们围坐在一张桌子旁边。从桌子上方看,他们互相之间都有着融洽和谐的关系。而从桌子下方,则有了不同的场景。另外的几个人的脚尖都朝向了其中的一个人,由此也看出,这个人才是这群人中间的主角,他才是大家的兴趣所在。

因此,如果你在和人交谈的时候,发现他们的脚尖正对着你，这基本可以断定，他们对你和你所说的都非常感兴趣。如果兴趣加深，他们会将一条腿自然伸向你，脚尖也指向你。腿伸向你是脚尖朝向的强化动作，后者只是微微表露了心意，而将腿伸向你则是向你明确地示好。当你与对方谈话时，无论他是对谈话内容还是对你感兴趣，他们都会把脚伸向你，脚尖指向你。反之，如果他们感觉兴味索然，他们就会缩回自己的脚，脚尖甚至指向与你相反的位置。如果你们是坐着谈话，这样的行为更加明显。当他们不想发表谈话，也懒得附和你的意见时，他们就会把脚收回，有时候他们甚至会交扣着脚踝放到椅子下面，呈现出一副封闭式的姿势。

此外，如果你细心观察会发现，人类在行走时，脚尖的朝向会有所不同，也就是我们常说的"外八字"和"内八字"之分，如果排除生理缺陷等原因，这些行走中的脚尖朝向也在一定程度上反映了他们的性格趋势。

如果一个人习惯用"外八字"的姿势走路，也就是脚尖往外偏的幅度很大，表明他会被一些无关紧要的小事所吸引。他有很强的猎奇心理，为了得到更多的信息，他甚至愿意绕道而行，这样的人比较容易敞开心扉，容易接纳新的事物。所以如果你和他交谈，他比较容易对你产生兴趣。

"内八字"使得脚尖朝向里，给人一种可以随时刹车的感觉。如果一个人习惯用"内八字"的姿势走路，表明这人经常犹豫不决，做事小心翼翼。如果他的上身姿势也经常是封闭性的，那么他的内向、拘谨的性格特征就更加明显了。他永远是一副憨实厚道的样子，但这样的人在厚道的外表下，并不显得沉静。他平常留意生活中的细节，事事喜欢按部就班地进行，如果有突发事件发生就会大乱阵脚，手足无措。如果你让他成为被人瞩目的焦点，他甚至会浑身不自在，因为他往往只追求平淡的生活。你和他交谈，他也很难真正对你产生兴趣。

尽管人类用鞋子遮住了双脚，但是它们仍然是有活力的身体部位。当人类的情绪发生变化的时候，双脚能第一时间做出反应。

用一条腿支撑身体的重量，表示想告辞了

双腿远离头部，人们对它们投入的注意力往往很少。殊不知，人的腿部动作是丰富的信息源，能够泄漏出人们内心的秘密。想象一下，如果你是个十分健谈的人，你正对朋友滔滔不绝地描述最近一次出国的经历，而他要赶着参加一个同事的婚礼，你兴致正起拉着他不放。你能猜到他会是什么姿势？是的，他会做出"稍息姿势"，即把身体的重心放在一条腿上，这是一种意图线索，表明他想要告辞了。

用一条腿支撑身体的重量的姿势有助于我们判断一个人当下的打算，因为休息的那条腿，脚尖所指的方向，往往是离他最近

的出口位置。如果你在和他人谈话时发现,他改用了稍息姿势,那就表示他想结束谈话,他要离开了。

除了稍息姿势,还有其他的身体语言表明谈话者想终止谈话、想要离开的意愿。

1. 起跑者的姿势

起跑者的姿势也传达出想要离开的愿望。表达这种愿望的肢体语言包括身体前倾,双手分别放在两个膝盖上,或者身体前倾的同时两手分别抓住椅子的侧面,就像在赛跑中等待起跑的运动员一样。这时你如果注意观察他的双脚,通常是两腿前后分开,一只脚前脚掌着地,脚跟高高抬起。在你和别人交谈的过程中,只要你看到他做出这样的动作,这就是他想要离开的标志。他的身体分明在说:预备,脚踩在起跑线上,我要告辞了……

2. 两腿不停地换边

这种情形在开会时常见,通常他们的腿是交叠的,不停地换边,一会儿这条腿压在了那条腿上,一会儿又按照相反的方向重复交叠,看起来有点像"尿急"的感觉。这是他们想要赶快结束,着急离开的标志。

3. 两腿交叉,手脚打拍子

两腿交叉和着手脚的拍子,显出了他们的焦急,他们的身体语言分明是向你表明：快点吧，快点结束吧，我要走了，再不快点，我要逃遁了。

总之，很多时候人们出于礼貌不会直接说想要离开，但他们的腿部语言不会说谎，如果你看不懂他们身体的这些"明示"，很可能会被归类在不识相的一族里！如果你发现对方这些硬撑下去的动作，那你要识趣一点，他们是要告辞了。

脚尖向上翘起的人，听到了好消息

当人们感到高兴或幸福的时候，会飘飘然，整个人会有一种被向上提升的感觉。如果让你画一幅笑脸，你是不是首先会画上向上翘的嘴角？其实，当一个人感到高兴或幸福的时候，上翘的不止是嘴角，还有他的脚尖。对于兴奋的人来说，重力好像不起作用了。

在我们所处的环境中，背离重力作用的行为每天都会走进我们的视线。例如，观察一下你身边悠闲打电话的人，如果他在听完电话后，把本来平放在地上的一只脚换了一种姿势，他的脚跟还处于着地的状态，脚掌和脚尖却向上翘了起来，脚尖指向天空方向。不要以为这样的动作稀松平常，其实，这表示打电话的情绪不错，他正听到或者讲到什么令自己非常高兴的事。他的身体动作分明散布着这样的语言信息："棒极了，简直太好了！"这种动作代表的心理状态和向上跳跃、欢呼是相似的。

《快乐男生》的电视选拔赛上，2号男生被宣布直接过关。他的表情很淡定，上半身也表现得很镇定，但是他的脚却乐疯了，他的脚尖上翘指向天空。事后过关采访验证了他的快乐，他兴奋得变了声音，不住地说："太好了，感谢大家！"

在解读身体语言的时候，很多人都习惯从表情开始，其实，表情通过训练可以人为控制，但脚的细节动作却很少有人去刻意控制。这也就是对例子中2号男生上半身镇定、脚部兴奋的解释了。

大部分人对脚的动作不太关注，不会考虑伪装或掩饰。因此有人说双脚才是人身体上最真实的部分之一，它们真实地反映人的感觉、思想和感情。让我们看看其他传达快乐情绪的双脚吧！

1. 颤动的双脚

如果你发现一个人的双脚在颤动或摆动，甚至他的衬衫和肩膀也会随着颤动，这是他心情大好的标志，这些细微的动作正向你表明，他很轻松、愉悦和满足。很多人在听着美妙的音乐时会抖动双脚，也是这个道理。

2. 把玩鞋子的脚趾

做这个动作的以女性居多，当感到愉快的时候，女性常常会把玩鞋子，她们有时候会用脚趾将鞋子挑起再放下，如此反复，或者将鞋子挑起来摇晃。

3.恋爱的幸福双脚

如果你细心观察桌下情侣的腿脚，你会发现，他们会用脚部的接触或轻抚来表达彼此的好感，搓擦对方的双脚或用脚趾轻触对方。做这样的动作表明他们很舒适、心情愉悦。

4.交叉放松的双脚

你和朋友交谈得轻松愉快，你会发现，他改为双腿交叉的姿势站立了。这是他感到轻松愉快的标志。你们的关系很好，他可以卸下防备，完全放松下来。

总之，脚部传达的信号是诚实的，是很难作假的。可以抓住对方一个不经意的脚部动作，从而明察秋毫，看穿他的情感趋势和真实意图。

走路缓慢踌躇的人，缺乏进取心

生活中，我们常常可以看到一些人在走路的时候缓慢而踌躇，他们一副心事重重的样子，走路犹犹豫豫，仿佛前面有陷阱等着他似的。即使有十万火急的事催他,他也一样慢吞吞,就像"怕踩死蚂蚁"。一般来说,他们属于典型的现实主义者,为人软弱,缺乏进取心,逢事顾虑重重,简直有点杞人忧天。

走路时仿佛身处沼泽地的他们,大多性格较软弱,遇事容易裹足不前,不喜欢张扬和出风头;顾虑重重,绝不敢做第一个吃螃蟹的人,结果往往错失良机。但是,也正是因为他们的性格特点,所以做事谨慎。他们憨直但无心机,十分重感情,一旦他认定你够朋友,他们会当你是一辈子的至交。他们凡事讲求稳妥,喜欢凡事"三思而后行",从不好高骛远,他们喜欢脚踏实地,稳扎稳打。

走路缓慢踌躇的人,一般时间观念不强,他们不懂得去争取时间,因为他们没有足够的上进心。他们不光在走路时表现出动作缓慢,在做其他事情时也是这样,总是一副不紧不慢的样子,让旁人看在眼里时总想催促他快些,再快些。他们总是在想:"你管我是快是慢,不管怎样,我完成任务就行了。"他们并不去想什么时候能升职,什么时候能加薪之类的问题。他们懂得"知足者常乐"。他们不喜欢忙忙碌碌的生活,看别人为生活忙碌奔波,他们甚至还会不理解,会问:"你们干吗把自己搞得紧张兮兮?"虽然他们没有进取心,但做起事来还是比较稳妥的,如果他们在事业上得到提拔和重视的话,肯定不是他们有什么"后台",而是他们那种务实的精神给自己创造了条件。

然而,有时候他们也并不一定就做得好。他们喜欢按部就班，少动些脑筋。做起事来可能相对于动作快的人会少犯点错误。所以尽管他们做得慢，但一些细节上的问题他们也常常考虑不周全。所以，当我们碰到这种经常走路缓慢踌躇的人时，基本上可以断定他们是缺乏进取心的人。

这类人为人软弱，缺乏安全感。他们的观点是"耳听为虚，眼见为实"，所以他们一般不轻易相信别人的话。他们也特别重信义、守承诺，你把他们当作朋友相当不错，不过你千万别欺骗他们，否则有一天被他们发现了，他们会发誓一辈子记恨你。

腰挺得笔直的人，警觉度很高

冷气充足的办公室里，新上任的王经理坐在办公桌前翻阅文件。他的腰挺得笔直，后背绷得紧紧的。这样的坐姿坚持一天，下班时他觉得浑身酸软。回到家里，往沙发上一坐，整个身体就陷进柔软的沙发中，腰背臀都彻底地放松了下来。

这样的姿势转换，上班族们都不会陌生。在工作场合中的全身紧绷与回到家里后的全身松弛有着天差地别。为什么会有这样的差别呢？因为腰臀与人的警觉度存在着联系。

在工作场合中，人们为了应付繁重的工作，会把精神调整到高警觉状态,以便随时应对突发状况。精神语言很自然地传达到身体,于是身体保持了一个"预备"姿势,挺直的后背与紧绷的腰臀都处在"蓄势待发"的状态。我们可以回忆我们的祖先在野外狩猎的情形,他们紧盯着猎物,全身紧绷,随时准备发动攻击。而起跑线上的运动员更是如此,双手撑地,脚尖蹬地,只等着发令枪响,他们就能即刻冲出去。这些状态都与我们在工作中的状态类似,这也就可以解释为什么我们会如此警觉。

而当我们把一天的工作完成,回到家中时,这个情形就完全改变了。家是每一个人心灵的港湾,你在这个地方拥有最大的安全感,所以你的大脑暗示你,一切都是安全的。既然不需要应对外界的危险或者突发状况,你的身体也就无法进入待命状态了,所以彻彻底底地放松下来。

然而,这种放松并非弱势的表现。一般的想法是,当你全神贯注,充满警觉时,你应对外界的能力也会增加,也就是说挺直的后背和腰臀代表了一种强势,放松状态的人自然就是弱势了。可是实际上,研究表明,在双方的会面中,处于弱势的却是保持高警觉状态的人,有些时候甚至是有求于人的一方,而优势地位常常在放松腰臀的人这一方。

以下这些例子会让你更清楚地了解这一点。比如员工向老板汇报工作,通常是老板潇洒地坐在他的"老板椅"上,双手搭在扶手上,一副很舒服的姿态;而员工则直直地站在一边,随时等待着老板的盘问。或者在上门的推销员和他的顾客之间,也能看到这种姿势对比。

会面的双方应该都很清楚双方的地位,优势者的放松可以算得上是一种显摆。他清楚地知道对方对他没有威胁,并且故意做出舒适的模样,仿佛是在对对方说:"即便不是最佳状态我也能应对自如。"而处于劣势地位的人用紧绷的身体来表达一种重视会谈的意思,他刻意地让情况显得正式化,希望引起对方的重视。

频繁拨弄头发,心中紧张不安

不知道你是否注意过,人们在处于紧张的状态时总是会下意识地做出一些小动作,而这些小动作能够泄露出很多内心信息。例如,你和朋友交谈时,他总是不时地拨弄头发,这是他的大脑发出了信息:"心慌!安抚我一下吧。"是的,就像小猫小狗感觉害怕时会舔自己的毛发一样。人类频繁地拨弄头发,也表示心中紧张不安。

如果留心观察儿童的肢体语言,你会发现,小孩子犯错误被父母或老师发现之后,经常会做出这样的动作——站在大人面前,身体不动,只是用手不停地拨弄头发,通常还带着无辜的眼神，表现出十分紧张的神态。仿佛在说"我错了，我会不会挨打呢"。因此，太频繁地拨弄头发，不是说这个人没有洗头发、头皮很痒，而是他内心极度不安，缺乏自信，需要用频繁地拨弄头发来掩饰心中的不安和不确定感。对这样的动作最常见的解释是当事人感到疑惑、不安，甚至有点焦躁。

小葛是个纨绔子弟，和莉莉结婚后稍有收敛。可是有一天，小葛又彻夜未归，早上回家，他发现莉莉整晚没睡。莉莉站在窗口，红肿着双眼，她质问道："你是不是又去夜店了？这个家你还要不要了？"从未见过莉莉发火的小葛有些慌乱了，他不停地拨弄头发，说："我，我没去夜店啊，你相信我！"

从上面的例子可以看出，尽管小葛嘴上否定了莉莉的猜想，但他手上的动作却表明了他的不安、顾虑。细心观察，在人们面对紧张的时候，总会通过一些小动作将情绪透露给你。让我们看看其他的一些体现紧张的小动作：

1. 不停地清嗓子

你会发现，很多人原本嗓子没有不舒服的感觉，可是在准备比较正式的演讲前，他会不停地清嗓子。这不是怪癖，只是紧张的缘故。不安或焦虑的情绪会使喉头有发紧的感觉，甚至发不出声音。为了使声音正常，他就必须清嗓子。这也是有的人说的"紧张得连声音都变了"的原因。如果你遇到说话不断清嗓子、变声调的人，这表示他们非常紧张、不安和焦虑。

2. 屁股底下坐了球

每个人在当学生的时候大概都被老师说过："你能不能好好坐着？你屁股底下坐球了？"当你和别人聊天时，如果发现他坐立不安，那就表明他感到有压力，有时候无聊也会有这样的动作。

很多动作看起来很平常，实际上也是紧张不安的表现。比如撕纸、捏皱纸张、紧握易拉罐让它变形，等等，并且你可以发现，当一个人的紧张感、不安感严重的时候，这样的动作出现的概率更大。人们似乎希望借这些动作来缓解，同时稳定情绪。

第五章
DIWU ZHANG

眼随心动：
眉梢眼角藏心计

表示心虚的视线转移

当我们在评论某一个人时,往往会用"眉清目秀""浓眉大眼",或是"贼眉鼠眼"等词语。可见,"眉目传情"确实是可行的。也即,眉眼可以当作一种非常独特的表现手段来表征一个人的个性特点,尤其是视线,更能表现一个人的种种心态。

在日常生活中我们经常可以遇见这样的情形,当你与一个人交谈时,对方的眼神总是闪烁不定,一旦遇见你的视线后,就会迅速将自己的眼神移开。此种条件下,你就会觉得他心中可能隐藏着某事,或者是背着你做了对不起你的亏心事。这种担心是有科学根据的,就心理学而言,回避视线的行为,往往被认为是一方不愿被对方看见的心理投射。也即,隐藏着不想被对方知道某事的可能性非常大。比如,那些守卫银行金库的警卫中,面对闪闪发光的黄金,以及堆积如山、令人眼花缭乱的钞票,有的警卫可能会开玩笑地说道"这么多的钱,我只要一口袋就满足了""要不我们一人随便拿一点跑了算了"等之类的话。在这些开玩笑的话语中,如果有某位警卫不仅没有插话,而且还故意将视线从金光闪闪的黄金和花花绿绿的钞票上移开,这就表明,此人最可能监守自盗,他才是真正"敢想、敢做"的人,他之所以要把视线从黄金和钞票上移开是对想拿黄金和钞票心理的沉默的自制表现。一旦有适当机会,这种人极有可能会"大干一场"。与之相反,那些开玩笑说"随便拿一点跑了算了"的人,往往仅是说说而已。当然,这并不是说他们对金钱没有欲望,而是他们将心中的这种欲望以玩笑的方式宣泄出来,心里也就在一定程度上获得了一种替代性满足,这就大大降低了他们变"玩笑"为"现实"的可能性。由此可见,视线的转移往往是人内心活动的反映。在与人交谈的过程中,多留意一下对方视线的变化,或许你可能从中了解到很多更为真实的东西。

虽然视线转移在很多时候是心虚的表现,但这并不意味着一个人在与对方发生视线接触时一有视线转移就表示心虚。在医学上,有一类人群被称为"视线恐惧症"患者,他们在与别人发生视线接触后,往往会立即转移自己的视线。因为他们觉得对方的眼光太过于强烈,从而使自己的眼睛不由自主地剧烈眨动,这会让他们感觉非常不舒服。与此同时,他们的心理也处于一种矛盾的状态之中,一方面他们想如果与对方进行对视,会不会使对方感到不快,另一方面又想自己若是进行视线转移,对方会不会看透自己的心理。在这种进退两难的矛盾状态之中,他们越是焦急,就会更加注视对方的眼睛,更剧烈的反应便随之产生;越害怕对方会看透自己的心理,强烈不安的心理情绪就越严重。一般来说,此种类型的人,他们之所以会产生"视线恐惧症",归根结底,是因为他们缺乏自信心。他们往往是通过别人眼中反映出的自己来认识和确认自己的存在与价值。

此外，一个人不与对方发生眼神接触而进行视线转移，可能也不是心虚的表现，而是与特定的文化背景有关。

当一个人被置于陌生的环境中，他一定会感到不安全，并想尽快逃离此地。于是，他会四处寻找逃脱的途径。可想而知，那时他的眼光肯定是游移不定的。反过来，如果某人的眼神四处游移，那么，他肯定感到了某种不安，想尽快摆脱当前的处境。

当某人和一个令他极为讨厌的人待在一起的时候，自然会产生赶快摆脱的念头。此时，他肯定会望向别处，寻找逃脱的门路。可是，如果这个人是他不敢得罪的人，赤裸裸想逃脱的视线一定会让对方不快。于是，他不得不克制自己的情绪，尽可能不把视线从那个人身上转移，以免让对方看出自己对他毫无兴趣。如此一来，便出现了这样的矛盾，情感上想尽快逃离，理智上强迫自己看着对方，为了掩饰内心的真实想法，有时他甚至会用微笑来假装对对方感兴趣，只不过这种微笑有别于真正的开心，通常是双唇紧闭的。

要是在交谈中发现这种眼光，你应该理解对方对你何等厌恶，还是知趣点，尽快结束谈话，以免更多的尴尬。

3 种常见的凝视对方的方式

米歇尔·阿基利认为，一个人在与他人进行交谈的过程中，视线朝向对方脸部的时间占据双方谈话时间的 30%~60%。事实也的确如此，和一个人进行交流时，能否以凝视的目光看着对方的脸部将在很大程度上决定他们最终的交流结果。

由此可见，凝视在双方交流过程中的重要性，那凝视的方式具体有哪些呢？一般来说，在日常生活中，人们使用得最广的是下列 3 种凝视方式。

1. 社交性凝视

此种凝视方式使用得最广，也最为常见。常用人群有普通大众、老板、员工、经理，以及经商人士等。当一个人的视线落在对方眼睛水平线下方的时候，就会形成一种典型的社交气氛。其凝视的重点主要集中于对方双眼和嘴部之间所形成的三角地带。以此种方式看着对方，就不会让其产生压力或有不舒服的感觉。这就有利于双方在一种亲切、友好、宽松的氛围中进行交谈。

2. 亲密性凝视

此种凝视方式使用得也较为广泛。常用人群为陌生或熟悉的青年男女，再或是亲人、密友之间。一般来说，此种凝视从双方的双眼开始,越过下巴,直至身体的其他部分。具体来说,其凝视过程如下:当一个人从较远处接近另一个人时,他往往会迅速扫视对方的脸至胯部之间的区域以确定对方的性别,然后再次打量对方来确定自己对对方的兴趣有多少,并将凝视的重点集中在眼睛、下巴,以及腹部以上的部位。如果双方的距离较近,那么双方彼此凝视的焦点主要集中在眼部和胸部之间的亲密区域之内。青年男女往往就是用此种凝视方式来表情达意,一方在做出此种凝视姿势后,如果另一方有意,就会报以同样的凝视。

3. 控制性的凝视

此种凝视方式多用于较为严肃和正式的场合之中。多用于老板和员工、老师和学生、上级和下级,相互较量的对手之间,以及其他一些人群中。一般来说,此种凝视方式主要集中于对方前额正中的三角地带,这不仅会使气氛变得紧张、严肃,更能对对方心理产生威慑作用。一般来说,只要你把自己的目光定格在对方前额正中的三角地带,你也就能掌握谈话的主动权,或牢牢控制住对方了。所以,很多成人在吓唬自己的孩子,或是老师教训犯错误的学生时,就十分喜欢使用此种凝视的方式,这往往能达到"此时无声胜有声"的效果。

需要注意的是,凝视作为一种无声的语言,一旦运用不好往往会事与愿违。所以,在使用这一特殊"体语"时,应注意下面这样几个事项。

（1）和对方对准视线。无论是何种方式的凝视，都应和对方对准视线，切不可将眼神游来荡去，或是将头转向一方，这会让对方觉得你在有意避开他。如此一来，双方的交谈极有可能会不欢而散。

（2）焦点放在对方的脸部。一般来说，与对方进行凝视时，应将注目的焦点集中在对方脸和下巴之间的区域，这会让对方感觉很轻松、自在。虽然我们平常强调与别人进行谈话时，应该注视着对方的眼睛，但如果长时间盯着对方的眼睛看，肯定会让对方感到很紧张和不舒服。

（3）不要长时间将目光凝聚在对方某一部位。很多人在凝视对方时，最易长时间盯住对方某一部位，这其实是不礼貌的。此外，有研究证实，凝视时间超过10秒钟以上时，双方之间极有可能会产生不安的气氛。所以，在凝视别人，尤其是男性凝视女性的时候，眼睛不应该静止在某一部位，而应缓慢而适度地移动着。

（4）视线不能突然很快移开。在很多较为高级的场合中，如果一个人凝视着对方的时候，被凝视的一方慌慌张张地把视线转移到一边，这往往会让对方觉得你是一个胆怯、懦弱的人。所以，不管身处何种场合，与别人视线相触时，最好不要突然很快移开，而应缓慢而从容地把自己的目光转向一旁，如果你不想和对方进行凝视的话。

瞳孔扩张,表示对你的谈话感兴趣

  日常生活中我们很容易观察到别人的手势、坐姿、表情等肢体语言,而对于眼睛的观察只是停留在暗淡无光或是炯炯有神的层面上,其实人的瞳孔里还有很多值得我们去发掘的信息。人的眼睛通过数条神经与大脑连接,它们从外部获取信息,然后通过神经把信息传递给大脑。受到刺激的大脑又反馈信息给瞳孔,于是人的心理也就在瞳孔上表露出来。如果说眼睛是心灵的窗口,那么瞳孔就是窗内的风景。

  美国芝加哥大学研究瞳孔运动的心理学家埃克哈特·赫斯发现,瞳孔的大小是由人们情绪的整体状态决定的。如果有一天,你兴致勃勃地和某人聊天,发现他的瞳孔扩张,认真聆听你的谈话,这表明他对你的谈话非常感兴趣,你可以继续发表你的言论。

  晓月在电脑城卖电脑,她向顾客推荐新产品时,会一边介绍,一边留意顾客瞳孔的变化。如果她发现顾客在听她讲解的时候瞳孔明显变大,心里就会暗自窃喜,因为她知道她的推销初步成功了,顾客对她的谈话和她推荐的商品都很感兴趣,她会取得较好的业绩。

  从例子可以看出,当一个人对你的谈话内容感兴趣的时候,会在他的瞳孔上有所反映。当一个人处于兴奋、高兴的情绪状态时，其瞳孔就会明显变大。反之，当一个人处于悲观、失望的情绪状态时，其瞳孔就会明显缩小。据此，细心的你可以通过他人瞳孔的变化发现生活中其他的有趣现象。

例如，一个性取向正常的人，不管是男人还是女人，只要他们看到异性明星的海报，瞳孔便会扩张；但若看到同性明星的海报，瞳孔就会收缩。同样，当人们看到令人心情愉快或是痛苦的东西时，瞳孔也会产生类似反应。比如，看到美食和政界要人时瞳孔会扩张；反之，看到战争场面时瞳孔会收缩，在极度恐慌和极度兴奋时，瞳孔甚至可能比常态扩大4倍以上。婴儿和幼童的瞳孔比成年人的瞳孔要大，而且只要有父母在场，他们的瞳孔就会始终保持扩张的状态，流露出无比渴望的神情，从而能够引来父母的持续关注。

一般来说，当人们看到对情绪有刺激作用的东西时，瞳孔就会变化。赫斯还指出，瞳孔的扩张也与心理活动密切相关。例如，某个工程师正在冥思苦想努力解决某个技术难题时，当这一难题终于被攻破的那一刹那，这位工程师的瞳孔就会扩张到极限尺寸。

很多玩牌的高手之所以能屡战屡胜，最主要的原因就在于他们善于通过观察对手看牌时瞳孔的变化来揣摩对方手中牌的好坏。他如果看见对方看牌时瞳孔明显扩大，则可基本断定对方拿了一手好牌，反之，当他看见对方看牌时瞳孔明显缩小，据此他又可以断定对方的牌可能不太好。如此一来，自己该跟进还是该扔牌,心里也就有底了。如果对手戴上一副大墨镜或太阳镜,那些玩牌的高手可能会叫苦不迭,因为他们不能通过窥探对方瞳孔的变化来推断对手手中牌的好坏。如此一来,他们的获胜率肯定会直线下降的。

这一点还体现在青年男女约会上,如果你的约会对象在注视你的时候,眼神温柔、瞳孔扩大,那基本可以断定他是喜欢你的。关于瞳孔扩张的这一发现被引入了商业领域,人们发现瞳孔的扩张会令广告模特显得更有吸引力,从而吸引更多的顾客购买商品。因此,商家通常将广告照片上模特的瞳孔尺寸修改得更大一些,有助于提升产品的销量。

有句老话说,在和别人说话时,要看着对方的眼睛。是的,如果他在和你交谈时,瞳孔扩张,那真要恭喜你,这表明他对你的谈话很感兴趣。下次,要"好好看看对方的瞳孔",因为瞳孔从不说谎。

走路时视线向下的人凡事精打细算

孔子曾说过:"观其眸子,人焉廋哉!"意思就是说,想要观察一个人,就要从观察他的眼睛开始。因为眼睛是人的心灵之窗,所以,一个人的想法经常会从眼神中流露出来。而研究发现，一个人的视线，尤其是单独走路时无意识流露出来的视线，总会在无意间展露内心的意识以及喜好。

正常人在走路时视线是在前面大概 3～6 米的位置，角度通常是 75 度，在有人告诉你有危险或自己感觉到有异常时，人走路的视线角度会发生很大变化，可能在前面一米左右，角度非常小，步幅也自然减小，以应对突发的变化。但是，如果你细心可以发现，生活中很多人在平时走路时视线都是向下的，颇有走自己的路，让别人去说的味道。这类人往往小心谨慎，凡事精打细算。这样的人都比较内向，他们心机比较重，为人谨慎、多疑，看似无心，实则总是在思索。与他们交流，你能感受到，他们对于能带来实质性收获的交流很感兴趣，并重视家庭生活。

在与人交往的过程中，如果你希望深入了解他人的喜好、秉性，你就需要多留意他人的视线。以下就来讨论不同的视线区域可能代表他人的哪些特质。

1. 走路时视线朝上

这样的视线，通常会配合轻快悠闲的步履，头微微上仰，双手插在口袋里。如果你在路上遇到他，他可能还哼着小曲儿。这类人往往很质朴，活得轻松自然，喜欢自然界的一切美好事物。一朵花、一只小狗、一顿晚餐，都能为他带来身心的满足。

2. 走路时习惯平视

这类人很认真，凡事喜欢就事论事，多半不喜欢拐弯抹角，不喜欢浪费时间，这类人属于务实派。

3. 走路时盯着某物直瞧

平时很容易见到这类人，吸引他们目光的可能是一支笔、一只猫。其实，吸引他们的不是这些东西，真正吸引他们的通常和他正处理的事务相关。这类人往往专注力强，此时，他们正沉浸在自己的世界里天马行空。这类人喜欢谈论目前手头上正在进行的事务。

4. 走路时喜欢东张西望

在走路时喜欢东张西望的人，往往专注力不强，这类人很容易受到外界的干扰，总是漫不经心，好奇心比较重，喜欢新鲜的人、事、物。如果你和这样的人讨论问题，他往往会反复问相同的问题。是的，他根本没有仔细听。这就是小时候老师常常批评的"注意力不集中"。

总之，每个人走路时的视线区域是不同的，了解这些细微差别，你就可以从这些司空见惯的动作里透视人心。

握手时一直盯着你的人,心里想要战胜你

在西班牙斗牛的节目中,那些被激怒的公牛会在进行角斗之前,把眼睛瞪圆了一直盯着对方。在这点上,人类也是一样。世界上大多数国家的人都不会对不熟悉的人进行直视,因为一直盯着对方会被认为是没有教养的表现,甚至被看成是一种故意挑衅的行为。当某人和你握手时,一直直视你,甚至盯住你不放,这其实是对你的挑衅,他的心里是想要战胜你。

目光接触是非语言沟通的主渠道,是获取信息的主要来源。人们对目光的感觉是非常敏感、深刻的。通过目光的接触来洞察对方心理活动的方法,我们称之为"睛探"。目光接触可以促进双方谈话同步化。在对方和你交谈时,如果他用眼睛正视你,你可以更有效地理解他的思想感情、性格、态度。同时,通过"睛探",可以更好地从对方的眼神中获得反馈信息,及时对你说的话进行必要的调整。通过这样的审时度势,一旦发现问题,可以随机应变,采取应急措施。

如果遇到和你握手时一直盯着你的人,并且他对你的注视时间超过 5 秒,他除了想在心理上战胜你之外,往往还对你有一种威胁。这种盯视还会被用到其他场合。例如,警察在审讯犯人的时候通常对他怒目而视,这种长时间的对视对于拒不交代罪行的犯罪者来说有着无声的压力和威胁。有经验的警察常常用目光战

胜罪犯。

可见，即使是罪犯也不喜欢别人用眼睛紧紧盯住自己，因为被人紧盯住之后，心里就会产生威胁和不安全感。事实上，在你和对方握手、交谈时，如果遇到长时间盯着你的人，由于他眼神传递出来的信息产生了副作用，你从他的视线中是感受不到真诚、友善、信任和尊重的。

在生活中，人的角色是多样的，但眼神之间可以传递不同含义的讯息，而影响一个人注视你时间长短的因素主要有3点：

1. 文化背景

文化背景不同的人注视对方的时间可能存在很大的差异。在西方，当人们谈话的时候，彼此注视对方的平均时间约为双方交流总时间的55%。其中当一个人说话时，他注视对方的时间约为他说话总时间的40%，而倾听的一方注视发言一方的时间约为对方发言总时间的75%；他们彼此总共相互对视的时间约为35%。所以，在西方国家，当一个人说话时，对方若较长时间看着他，这会让说话的人感到非常高兴。因为他认为对方这样做，说明对方很在意他的讲话，或者是很尊重他。但是，在一些亚洲和拉美国家，如果一个人说话时，对方长时间盯着他看，这会让他感到不舒服，并认为对方很不尊重他。比如，在日本，当一个人说话时，如果你想表示对他的尊敬之情，那么你就应该在他发言时尽量减少和他眼神的交流，最好能保持适度的鞠躬姿势。

2.情感状态

一个人对他人的情感状态（比如喜爱，或是厌恶），也会影响到他注视对方时间的长短。比如，当甲喜欢乙时，通常情况下，甲就会一直看着乙，这引起乙意识到甲可能喜欢他，因此乙也就可能会喜欢甲。如此一来，双方眼神接触的时间就会大大增加。换言之，若想和别人建立良好关系的话，你应有60%～70%的时间注视对方，这就可能使对方也开始逐渐喜欢上你。所以，你就不难理解那些紧张、胆怯的人为什么总是得不到对方信任的原因了。因为他们和对方对视的时间不到双方交流总时间的1/3，与这样的人交流，对方当然会产生戒备心理。这也是在谈判时，为什么应该尽量避免戴深色眼镜或是墨镜的原因。因为一旦戴上这些眼镜，就会让对方觉得你在一直盯着他，或是试图避开他的眼神。

3.社会地位和彼此的熟悉程度

很多情况下，社会地位和彼此的熟悉程度也会影响一个人注视对方时间的长短。比如，当董事长和一个普通员工谈话时，普通员工就不应该在董事长发言时长时间盯着他，如果那样的话，他就会认为你在挑战他的权威，或是你对他说的某些话持有异议。这样一来，肯定会在他心里留下不好的印象。所以，和领导或上级谈话时，最好不要长时间盯着对方，你可以采取微微低头的姿势，同时每隔10秒左右和他进行一次视线接触。不太熟悉的两个人初次见面时，彼此间眼神交流的时间也不宜太长，如果一方说话时，另一方紧紧盯着对方，这肯定也会让对方感到非常不舒服。

一条眉毛上扬，表示对方在怀疑

眉毛的主要功用是防止汗水和雨水滴进眼睛里，除此之外，眉毛的一举一动也代表着一定的含义。可以说，人的喜怒哀乐、七情六欲都可从眉毛上表现出来。

毕业论文答辩会上，小吴发现自己在陈述时，一名评委教授一条眉毛一直上扬。这一动作让小吴分外紧张，她开始强烈地怀疑自己的论文水平。答辩结束以后，很多同学都说到了一条眉毛上扬的教授。看来这个教授在听每个人的答辩时都眉毛上扬。

如果这名教授只对小吴做出了这个表情，那么表示他是在怀疑，可能是因为他并不认同小吴的论点。但所有的同学都开始反映这个问题时，眉毛上扬的动作很可能就只是他的一种习惯。两条眉毛一条降低，一条上扬，它们传达的信息介于扬眉和低眉之间，半边脸激越，半边脸恐惧。如果你遇到一条眉毛上扬的人，表示他通常处于怀疑的状态，也说明他正在思考问题，扬起的那条眉毛就像是一个问号。

每当我们的心情有所改变时，眉毛的形状也会跟着改变，从而产生许多不同的重要信号。眉飞色舞、眉开眼笑、眉目传情、喜上眉梢等成语都从不同方面表达了眉毛在表情达意、思想交流中的奇妙作用。观察对方眉毛的一举一动在第一次见面时就可以把对方的性格猜个八九不离十，你若是精明人就很容易捕捉以下的细节：

1. 低眉

低眉是一个人受到侵犯时的表情，防护性的低眉是为了保护眼睛免受外界的伤害。

在遭遇危险时，光是低眉还不够保护眼睛，还得将眼睛下面的面颊往上挤，以尽最大可能提供保护，这时眼睛仍保持睁开并注意外界动静。这种上下压挤的形式，是面临外界袭击时典型的退避反应，眼睛突然被强光照射时也会有如此的反应。当人们有强烈的情绪反应，如大哭大笑或感到极度恶心时，也会产生这样的反应。

2. 眉毛打结

指眉毛同时上扬及相互趋近，和眉毛斜挑一样。这种表情通常代表严重的烦恼和忧郁，有些慢性疼痛的患者也会如此。急性的剧痛产生低眉而面孔扭曲的反应，较和缓的慢性疼痛才产生眉毛打结的现象。

3. 耸眉

耸眉可见于某些人说话时。人在热烈谈话时,差不多都会重复做一些小动作以强调他所说的话,大多数人讲到要点时,会不断耸起眉毛,那些习惯性的抱怨者絮絮叨叨时就会这样。如果你想通过对方的面部表情了解一些潜在的信息,眉毛就是上佳的选择。

习惯性皱眉的人,需要感性诉求

"眉头"两个字常被用来形容人情绪的跌宕起伏,"才下眉头,却上心头""枉把眉头万千锁""千愁万恨两眉头"……基本用到"眉头"一词,就脱离不了"愁"字。

当然,皱眉代表的心情除了忧愁之外还有许多种,例如:希望、诧异、怀疑、疑惑、惊奇、否定、快乐、傲慢、错愕、不了解、无知、愤怒和恐惧。皱眉是一种矛盾的表情,两条眉毛彼此靠近,中间还有竖纹,紧张的眉间肌肉和焦虑的情绪都无法得到放松。其实,一般人不会想到皱眉还和自卫、防卫有关,而带有侵略性的、畏怯的脸,是瞪眼直观、毫不皱眉的。

相传,四大美女之首西施天生丽质,禀赋绝伦,连皱眉抚胸的病态都楚楚动人,亦为邻女所仿,故有"东施效颦"的典故。

在越国国难当头之际，西施以身许国、忍辱负重，皱眉是情绪的自然反应，也是内心世界恐惧的流露，是带着防卫心态的，对他人走近自己带着些许的抗拒。

如果你遇到一个习惯紧缩双眉的人，你一定要小心翼翼。他表情忧虑，基本上是想逃离他目前的境地，却因某些原因不能如此做。这类人给人一种随兴感，看起来不那么随和。他多半会有些挑剔，精打细算，直觉敏锐。他个性务实，办事认真，不太会大惊小怪，不会放任任何细节。当然，他还有些犹豫。

研究发现，眉毛离大脑很近，最容易被大脑的情绪牵引，眉毛的动作是内心世界变化的外在体现。下面，你可以从皱眉的细微差别中观察一个人的心理表现。

1. 听你说话时锁紧双眉

如果他在你说话的时候锁紧双眉，通常这表示你的话有些地方引起他的怀疑或困惑。缓慢的语速、真挚的话语往往可以打动他，消除他的疑惑。

2. 自己说话时紧皱眉头

这样的人不是很自信，他希望自己的话不会被你误解，也渴望你能给他肯定。用更直白的方式诠释他说过的话，当他清楚明白时，你们的沟通将会更加顺畅。

3.手指掐着紧皱的眉心

这样的人通常带有神经质的成分,常犹豫不决,后悔自己的决定。遇到这样的人,你要做好心理准备,与他沟通将是一个长期的过程,需要花费更多的时间和精力来消除他的顾虑。

如果你想通过对方的面部表情了解一些潜在的信息,眉毛就是上佳的选择。人额头的皮肤最薄,一有轻微动作就会展现在眉头上,眉头一皱,眼睛因挤压而缩小,总给人忧郁的感觉。所以,习惯性皱眉的人,往往需要更多的感性诉求。只有他卸下了防卫的面具,才能放弃心底最后的挣扎,下次你不妨从眉间找奇迹。

第六章

DI LIU ZHANG

窥斑见豹：
生活细节说出人的「心里话」

一直盯着路灯的人，性子比较急

在生活中，如果我们仔细观察可以发现，同样是过马路，不同的人却有不同的方式，通过他们过马路的方式，可以推断出他们的性格。

有的人眼睛一直盯着路灯，一看见红灯转成绿灯就迫不及待先越过马路。这样的人，性子很急，是在生活中总被时间追着跑的人。他们做事的风格通常也是雷厉风行，不会拖拖拉拉，干净利落，而且极有主见。这些人，因为常常是风风火火地行动，所以会给人一种对别的事都不屑一顾的印象。但是，他们也有喜欢照顾别人的一面。而且，拜托他们的事，他们一般不会拒绝，并且一定会尽量帮忙。不过也有缺点，他们有点武断，只知道按照自己的想法去做事。

有的人则是不紧不慢的，看见旁边的人开始走后，才跟着一起过马路。这类人通常比较合群，性格随和，容易相处。但是他们也强烈倾向于按照自己的步调行动，和别人的交往也有自己的防线，比较冷静。

有的人，很注意自身安全，总会左右确认没有车辆才通过，而且多半是站在人群中间。这样的人平时小心谨慎，害怕风险，有时会有些畏缩不前。也有些人，在过马路时，不在意撞上迎面而来的人，反而从中间直线穿过。这样的人，一意孤行，不会想到别人。他们不愿意与人交往，此外，也是不太会替人着想的人。

通过简单的过马路，就可以判断一些人的性格，而当有人从你们之间穿过时，通过他闪避的方式，又可以判断他对你的态度。这说明，走路也是有学问的。两个人肩并肩在路上走，大多时候，是互相配合，尽量走得速度和步调一致。但是，在配合的过程中，即使非常小心或者无意识，也会从中看出是谁有点超前，是谁有些许滞后，有谁在故意放慢脚步，有谁是完全不用配合地走路，等等。通过这些细节，也可以看出对方是怎样的人。

如果你和他并肩走着，他不知不觉走到了你的前面，说明他是一个性子急而竞争心强的人。因为他会无意识地想要超越你。即使他配合你的步调，也只是说明他具有良好的耐心及自制力，可以压抑自己的本性。如果他走在你的前面，还露出不愉快的表情看着你，说明对你有点反感。

如果和你并肩走着，细心注意配合你走路的人，是对你有好感的人。因为他想采取谦和的态度来讨你的欢心，以引起你的好感。而不自然地与你并肩走着的人，是十分害怕和别人不同的人。他因对自己没有自信而感到不安，所以特意跟人采取同样的行动。

而有的人在并肩走着的时候，会常常相互撞到。一般情况下，你和对方碰到一次之后，会把距离拉开并且改变步调，以免再次碰到。但是，如果还是会碰到或者撞到，有可能是对方节奏感不佳，或者走路的平衡感不佳。排除这个身体上的因素，且对方在与你产生身体碰触后没有厌恶感，可以判断出他对你有好感。因为这有可能是他有意或者无意地想要接触你。

当然，如果并肩走的两个人是情侣的话，对方如果和你慢慢地溜达，是非常喜欢你的行为。因为这样可以与你亲密地走在一起，而慢慢地走，又可以和你在一起的时间长一些。

另外，当你和你的朋友，一起走在人行道上时，对面有一个行人试图从你们中间穿过，你们会有什么样的反应呢？

实际上，这是一个实验。通过使人刻意从在人行道上行走的两个人之间穿过，观察他们的反应，进而判断他们之间的关系。一般情况下，他们采取的行动有：两个人一起移动，让别人通过；或者，两个人左右分开让行人从中间经过。实验的结果是，采取两个人一起移动的，八成以上是男女情侣。也就是说，如果两个人之间的关系亲密的话，会选择两个人一起行动。

因此，当你和朋友并肩行走，正面有行人过来的时候，请仔细观察你身边的人会如何闪避。如果他的身体向你这边靠来，表示他对你有好感，想要和你有亲密的关系。如果他离开你，让行人通过，表示他对你并没有好感，对你只是像对待客人般的礼貌关系而已。

总的说来，通过观察一个人过马路的动作，就可以初步读出人们的心理活动以及性格。

喜欢在人前打电话的人，较少顾及他人感受

电话，已经成为当今社会人们必备的用品。如果说，某个人一天没带手机，桌子上也没有固定电话，那这一天他都将心神不宁地度过。因此，通过每天都与我们的生活息息相关的电话，也可以判断出一个人的性格。

比如，有的人喜欢在人前掏出手机与其他人通话。这样的人，有时较少顾及别人的感受。不过，如果受到了什么刺激，他会把全部注意力转移过去，搞不好会完全忘记了对方的存在。他并不是自以为是，反而是过于谦虚和认真。但容易遭到对方的误解，对他而言处理人际关系会非常辛苦。

也有一些人，不仅在人前打电话，还很大声。这样的人自我表现力极强，即使没有特别理由也要夸大自己的存在。他们反应迟钝，完全没意识到自己已经侵入别人的心理领域。和他人交谈时只顾讲自己的事，不太喜欢听他人说话。这是因为他们把周围的人都当成"跟自己一样的人"，所以会把不认识的人当作不存在，对于事物也会视而不见，很有可能会毫不在乎地做出一些残酷的事。

还有一些人，总爱在别人面前确认有无来电。对他人做失礼的事，莫过于"心不在焉"，心思神游到别的事情上面去了。此外，这种人觉得在他人面前说话很辛苦，心想着"早点结束对话吧"，还可能会不时拿出手机确认有无来电。这类人如果能改变无法清楚地表达自己想法的弱点，就能变成个性很温和的人了。

另外，从接电话的动作和方式等，也可以看出一个人的性格。

比如，看他们接电话的速度来判断这个人的性格特点。如果电话响起时，有些人即使忙于某项工作，也会放下手上的事接起电话，这种人是遵守规则的人，对于领导的指示与公司的规定都会乖乖听从，有表里一致的性格，对于外界的刺激会很敏锐，如果遇到预料之外的事情就会紧张得不知所措。而有些人电话响了好一阵子，也一副无所谓的样子，所以他们总是不慌不忙，总是很悠闲自在，凡事都尽可能按照自己的意思去做的人。就算改换指示或规则，仍是会以自己的标准去做衡量判断，然后再做些改变。他们个性松散，有可能是麻烦的制造者，而且他们非常不善于与人交际，所以也很不喜欢接电话。还有一些人，除了自己的电话之外，就算是在自己身边的电话响起，他们也绝对不会去接。他们就是抱着"别人是别人，我是我"的这种想法，没有协调性，所以不适合做团队的工作，而且这种人会反抗领导、会破坏规则。

有的人在接电话时边记要点边说。他们会事先准备好便条纸,所以他们是思考很周到的人。他们对于自己的工作有很严谨的态度,会注意到小细节,绝不会敷衍了事,是很善于把工作做好的人。不过,当遇到突发的情况,他们会有点无法适应。有的人是打电话打到一半才开始找便条纸,这样的人,是做到哪想到哪的人,也是做事没有计划,但很懂得随机应变的行动派。他们情绪转变很快,会有点草率,给人不够沉着稳重的感觉。

有的人在接到电话后,会边说话边写画无意义的话或图。这是打电话时不用心,不管说什么都无所谓的最佳证据,证明他处于闲得无聊的状态。所以,这样的人做事不用心。如果他们在打电话时总是不知道手该放哪里,那是正对某个状况或某个人感到慌张、担心与不安,为了缓解这种压力而做出的反应。还有的人喜欢边打电话边用手指敲桌子,这也是同样的情况。这种人也可能会有突然大发雷霆的情况。

还有的人会边打电话边做出某些身体动作。这样的人,做什么事都是比较带感情的。因为他们在说话时都带着感情,因此会无意识地做出一些动作来,这个称之为自己的同调行动。他们的感情通常都是很强烈的,而且他们不会说谎,个性积极又正直。

总之,通过接听电话的动作和方式,以及打电话过程中的动作等,都可以判断这是一个怎样的人。

喜欢在咖啡厅谈话的人，谨小慎微

环境可以影响一个人，不同的人会选择不同的环境。因此，从一个人习惯谈话的场合，可以看出他们的性格。

比如，有的人喜欢在咖啡厅或者茶馆里谈话。这样的人一般都比较谨慎，办事很小心，不喜欢露出真面目，也不希望别人看出自己的内心想法。因此，他们会选择在人比较多、没人注意的咖啡厅或茶馆里谈话，这样，会让他们有被掩护的感觉。你如果和这样的人交往，最好让他们先开口，因为他们不喜欢自己的想法被猜到。另外，如果有人选择和你在咖啡厅见面，也说明这个人较为节俭、务实，他不愿意或者是没有能力为了追求美食或者形象而花很多钱。他约你在咖啡厅见面，只是纯粹想和你聊天，而不是想向你展示他的财富或者地位。如果是商人请客户到咖啡厅吃饭，就说明两个人的关系非常好，双方都无需自我炫耀。

喜欢在饭店大厅谈话的人，大都是胆量大、有智慧的人。他们通常有较高的社会地位，也具有领导的能力或渴望。因此，和他们沟通，千万不能用威胁性的语气，否则对方会拒绝和你交谈。

也有人喜欢在俱乐部或者酒吧谈话。当你和这样的人打交道时，多称赞他们的做事方式或决策就可以了，他们会很开心地与你有进一步交流。并且，如果对方约你在酒吧谈话，你推荐的酒精饮品对他而言是社交的润滑剂。

有人喜欢在户外谈话。他们喜欢在公园、露天餐厅等户外场合谈话，说明他们的心胸较为开阔，也很容易接受新事物，不喜欢固定的模式。这里需要注意的一点是，对方可以选择的空间越大，所透露出的信息越多。比如，你在周末的下午，看到你的两个朋友在公园里打网球，这说明他们肯定喜欢户外运动，愿意花时间和朋友边运动边聊天。但是，如果其中一个人是在公司举办的野餐会上打网球，你就不能马上得出上面的结论。即使他打得很高兴，你也只能判断出当他不得不接受某项安排时，仍能愉快地接受并乐在其中。

还有人喜欢在办公室里谈事情。这样的谈话通常代表他们有诚意，对工作也很有信心，他们对你是很认真和重视的。所以你和这样的人交往，也应该专业一些，让他们明白你也很用心。

最后应该注意的是，在你单独一次会面即根据你们谈话的场合判断出对方的性格之前，先弄清楚对方在那个地方花了多少时间。比如，一个人在每个星期天都去参加志愿者活动，这说明帮助别人对他来说是很重要的，但并不能表现出乐于助人在他生活中占多大的比例。但是，如果这个人不仅星期天去参加志愿者活动，周五晚上还要去敬老院照顾老人，周六还要带孤儿院的孩子们去公园玩，那么你就可以大胆地判断出，帮助那些需要帮助的人，在他的生活中占有很高的比例。因此，一个人花在这个地方的时间越多,越能反映出他的性格和心理。

总之,从一个习惯在什么场合谈话,以及在这个场合谈话的频率和时间,可以判断出他是一个怎样的人。

喜欢坐在门口位置的人心直口快

当你去朋友家做客,或是外出与朋友到餐厅就餐,肯定避免不了选择座位的问题。可能在一些人看来,选择座位是一件非常简单的事,其实从一个人选择座位的位置,可以判断出这个人的性格。

比如,喜欢坐在门口的位置的人,一般来说,性格较为急躁,属于心直口快的那种类型。他们总是想尽快把事情办好,如果事情的发展没有按照自己的计划和速度进行,就会急躁,并心直口快地说出自己的不满和改进的方法。同时,此种人往往具有一副热心肠,喜欢帮助、照顾他人。虽然他们说话好像不经大脑,有时候还会得罪别人,但是他们的内心却是热情和善良的。他们总是乐于帮助那些需要帮助的人,照顾那些弱小的人。对他们来说,很多时候站着可能比端坐在位置上更为舒服,他们会力所能及地做自己职责范围内的事,所以此类人永远也闲不下来。

一个简单的坐在门口的位置，就可以反映出一个人的性格，看似比较神奇，但是，美国心理学家布兰德经过长期研究后证明，一个人如何选择自己的座位，是与其性格紧密相连的。其实，我国古代很多诸侯、将军都非常善于选择自己的座位。比如，他们在参加各种宴会时，往往会选择背向墙壁，且离窗很近的位置。他们为什么要选择这个位置呢，因为此位置面向门口，可以随时监视门口的一举一动，一旦有刺客或是杀手来袭，他们便可以立即采取相应措施。更为重要的是，背向墙壁可以避免有人从后面袭击自己，而选择临窗则可以方便自己在危急的时候破窗而走。同理，现在很多公司，尤其是一些跨国大公司，或是一些公司的CEO，都喜欢选择高楼大厦的高层或是顶层背向大窗户的位置作为办公的地点，其实也是为了保护自己的商业安全和个人人身安全。这些座位的选择，就反映了这些人小心谨慎的性格特征。

由此，通过一个人喜好的位置，我们就可以大致断定他的个性。具体来说，还有几种位置与性格有关。

有的人喜欢墙角处的位置。一般来说，越是喜欢选择靠近墙角的人，其性格越为谨慎，也特别敏感，其对生活的态度也相当认真，凡事处处小心谨慎，因而有时会变得有点神经质。此外，此种人的权力欲望往往也非常强烈。

有的人喜欢中央的位置。通常情况下，此种类型的人具有较强的自我表现欲望，喜欢别人注视他，或是围绕着他。因而，与人交谈时他们总喜欢以自我为中心,有时甚至还喜欢强迫别人听自己说话,与此同时,他对别人的事总是漠不关心。一旦有人向他提意见,或是不小心冒犯了他,往往会遭到其猛烈的抨击。

有的人喜欢面向墙壁的位置。此种类型的人往往具有孤僻高傲、特立独行的特点。他们不喜欢与人交流,尤其是与不熟悉的人发生任何瓜葛。在此类人心目中,与外界环境接触过多,只会给自己徒增烦恼,因而他们喜欢埋头于自己的世界中,经常忽视外部世界的存在。

还有的人喜欢背靠墙壁的位置。此种类型的人,往往非常谨慎,同时也非常大胆,因而称他们胆大心细可能更为合适一些。在做事时,他们喜欢精益求精;与人交往时,他们会显得热情大方、积极主动,因而很受别人的欢迎。

喜欢坐在门口位置的人,心直口快,性格比较急躁。因此,从一个人选择座位时的位置,可以判断出这个人的性格。

掏钱速度快的人,最怕别人看不起

从一个人掏钱的方式和他拿钱的习惯,可以推断出他的性格。因为从一个人掏钱的方式或拿钱的习惯,我们可以推出金钱在他心中的地位，从而判断出他是怎样的人。

比如，有的人掏钱速度很快。不管是吃饭，还是买什么东西，刚吃完或者拿到东西，就立马掏钱付账，这样的人其实最怕被人看不起。他们怕掏钱慢了对方会认为自己没钱，会看不起自己。因此，他们通常会在口袋里放一沓厚厚的钞票，目的是为了显示自己很有钱。他们认为钱是最好的身份象征。为了让别人知道自己有钱，他们有时还会把整沓的钞票拿出来张扬。在整理钱包时，也会把面值大的钞票放在外面，把小额钞票夹在里面。当你和这样的人接触时，要注意自己的语言，因为他们比较容易受到刺激。

有的人对钱比较粗心大意，喜欢把钱随处乱塞。如果你到他们家去，会发现到处都是他们随便乱放的零钱或者整钱。他们也很少把钱整整齐齐地放进钱包里，而是胡乱塞在钱包、手提袋、衣服口袋里。这样的人，一般对创作比较感兴趣，他们能够欣赏艺术和大自然的优美，把宇宙视为乐趣的源泉，而不认为金钱最重要。

有的人省吃俭用，用钱时十分谨慎。他们的成长经历通常比较坎坷，所以对没有钱的体会非常深刻。一般情况下，这样的人工作都很努力，因为他们知道只有努力工作才能摆脱贫困。但是，他们虽然知道勤奋工作，却不知道怎样与人相处，而且，由于他们把钱看得太重，也没有什么真心的朋友。

有的人非常喜欢把钱藏起来，因为他们经常担心被小偷光顾。这样的人一般很难相信别人，总是怀疑对方，严重者精神会有点不正常。他们对什么都不确定，买东西也没有明确的目标。有的时候，甚至会因为到处藏钱，最后藏得连自己都找不到了。

有的人会对钱斤斤计较。这种人一般分两种情况。第一种情况是，对任何金钱交易都十分小心，不管是零钱还是大钱，在付钱找钱时都会清点得十分仔细。这样的人，一般都有很重的猜忌心理。在他们看来，世界上到处充满欺诈，所有的人都不可信。另一种情况就是，他们可能会因为一块钱和别人争吵得面红耳赤，却肯花几万块去国外旅游。这样的人，没有什么金钱的概念，喜欢享受，比较任性。

有的男性在掏钱的时候要求女方付钱。这样的男人严重缺乏安全感，他们总是希望别人能够帮助自己。在买东西时，他们也总是挑那些有保修的商品。

前面说了掏钱速度快的人，还有一种类型是摊账时结算速度特别快的人。在中国，人们总是习惯于请客。我们总是觉得AA制有点伤和气，也显得太小气。不过，近些年来，我们也开始学着摊账了，因为这样可以避免浪费，也有利于长远交往。摊账，简单地说，就是单纯地以人数平均分摊所消费的数额。从这种消费习惯，也可以看出一个人的性格。

比如，酒足饭饱，大家都还在想着这顿饭谁请客的时候，就会有一个人站出来宣布"一人收多少钱"。很容易看出，这个人对金钱和摊账方面的执着。这样的人，容易紧张，做事情非常认真，并且有自己的原则，所以对人对己都会严格要求，态度比较强硬。他们总是在准确地计算着每个人应该摊账的份额，因此玩的时候总是不能放开心情好好享受。不过，他们重视礼仪秩序，对于那些随便的人会感到厌恶，并且总想改变对方，强迫对方接受自己的想法。

有的时候，在喝酒的场合，摊账会有很大的价差，因为这时会因各自所喝的量而定。这些会以喝酒的分量决定摊账多少的人，考虑非常周详，连最细微的环节也会注意到，并有将其具体实行的能力。而大多数情况下，女士是不喝酒的，因此这种因为各自喝酒的量而摊账的方式会使女士比较高兴。并且，女士对连这个都能算出来的细心人士会有好感。由此可以看出，能够这样付账的男士，也是很有想法的。他们在避免自己多花钱的同时，还能够取悦女士。

通过一个人掏钱和拿钱的方式和习惯，或者这个人摊账的方式，都可以推断出这个人的性格。从一个人对待金钱的态度，最能看出这个人的内心。

只在别人看得到的地方花钱,是想买物质以外的东西

活在当今的社会,没有人会不花钱。不过,花钱也有不同的方式与用意。有的人,只喜欢在别人看得到的地方花钱,事实上,这是想买物质以外的东西,也就是赞同。

有一种人,无论干什么,都喜欢要最好的。比如,买昂贵的衣服,住五星级宾馆,坐飞机也要头等舱,吃饭要在高档的餐厅等,挥霍无度。他们不一定有钱,有的只是中等收入,但是他们却可以买昂贵的礼物、穿着名牌、开着最好的车,过着奢侈的生活。这时,你可以问他们一个问题,如果别人没有发现你花钱买的都是最好的、最贵的,你还会继续这样挥霍吗?他们通常会沉默。因为,如果他们悄悄地出钱让自己的父母每年到国外去旅游没人知道;如果他们有收藏昂贵物品的嗜好没人知道,他们每周都要参加昂贵的私人活动也没人知道,他们一定会倍感失落。因此,他们在那些别人看得到的地方花钱,只是想让所有人都知道自己有钱,都赞同自己的财富或者品位,这样会让他们感到骄傲和充实。

我们经常会遇到这样的情况。比如在咖啡厅,一名男子会骄傲地说:"这次我请客。"有的时候,他怕和自己在一起的女士没有听到他慷慨的表示,还会再次诚恳地说道:"这次我请客。"我们可能会想,不就是一杯卡布奇诺吗,值得这样大惊小怪?其

实，他之所以这样小题大做，只是想得到你的赞同。因此，他如果不满意你当时的表现，就会继续提醒你，他是多么慷慨，多么伟大和富有，然后，期待得到你的肯定和赞赏。

　　与之相反，有的人却非常节俭，而这些节俭的人和挥霍的人有时却有相同的心理。比如，美国的乔艾琳·狄米曲斯曾讲述过她曾经处理过的一个遗产纠纷案：刚刚过世的是一位一只眼睛失明的老妇人，在一栋房子里住了25年，生活简单朴实。她深居简出，买的东西都是最廉价的。她的丈夫在20年前就过世了，她一个人管理着几间公寓。人们都认为那是她的兴趣而不是职业，但是，她留下的遗产至少有3300万美元！

　　是什么样的性格能让人有这么极端的表现？一方面是没有积蓄的奢侈，一方面是自我牺牲般的节俭。其实，他们都是因为自卑。极度奢侈和极度节俭，都是自尊心太低的缘故。奢侈的人，想让别人看得起自己，不想被别人看低，所以他尽可能地买昂贵的物品，在别人看得到的地方花钱，只怕别人不知道自己有钱。他认为钱可以买来的不只是物品，还有自信和尊重。同样，过度节俭的人，认为自己很卑下，不值得把钱花在自己的身上。

　　因此，我们可以看出，只在别人看得到的地方花钱，是想买物质以外的东西，即赞同和尊重。而无论是过度奢侈的人还是过度节俭的人，都有自卑的表现。

第七章
DIQIZHANG

拆穿谎言：
不做那个被欺骗的人

谎话大王的四张面孔

虽说人人都会说谎，没有一个人敢声称自己是绝对清白的，但人们说谎的频率确实有所差别，的确有那么一些人，是可信度极低的谎话大王，对于他们所说的话一定要秉着"批判主义的精神"，当然，你也可以把他们当作你练习识破谎言技巧的最佳教材。

心理学家为我们总结出了最爱说谎的4种人：

1. 虚荣心重的人

生活中的很多谎言都是因为面子问题而产生的。虚荣心重的人最看重面子，这类人十分在乎他人对自己的评价，喜欢受到关注和赞美，不愿意别人看低自己，因为他们太注重外在的东西，而对个人的素质与气质疏于培养，但又渴望得到别人的喝彩，于是，他们凭内在的实力无法达到这种目的时，撒谎便成了他们能够使用的最便利的手段。这类人常常在不熟悉的朋友面前编造一些美好的谎言。例如自己的家庭背景有多好，身上戴的首饰值多少钱，甚至自己是哪所名牌大学毕业的。当然，这些谎言仅仅是为了满足个人的虚荣心，如果你识破了也大可不必揭穿它。

2. 自卑感强的人

严重自卑的人通常敏感而脆弱，既能敏锐地感受到自己许多不如别人的地方，同时，又极容易把周围所有人对自己的注意——哪怕是关心和帮助——看成是对自己的怜悯。因此他们需要一些谎言来安慰自己，或者是借助谎言来逃避，在别人面前树立完美的形象，以谎言为武器来调整自己在他人心目中的位置和形象，用谎言来安慰、麻痹自己，在幻想中获得满足感和认同感。

3. 过分争强好胜的人

争强好胜从一定程度来说是一种有益的品质，说明一个人积极进取、不甘落于人后，这样的人也更容易在事业上有较大的成就和作为。但任何事情都有个限度，超过这个限度便走向它的反面。要强也是如此，事事要强，时时要强，总想高出别人一头，这作为一种理想是很不错的，但如果把它落实在生活中，则太困难了。过分好强的人活得很累，他们事事都想出类拔萃，对自己要求很高。一旦失败或者遭遇挫折，往往没有勇气面对，只能用谎言编织理由为自己寻找退路，维护面子和自尊，虚构成功的情景、蒙骗他人或欺骗自己，便常常成为他们的拿手好戏。

4. 过分以自我为中心的人

趋利避害是人的本性，我们每个人在思考问题、处理事情时，都不免会以自我为中心，首先考虑保全自己的利益。但这种以自我为中心的心理应有个限度。如果没有损害他人的生活，大家自可相安无事。但如果一个人以自我为中心的心理严重到过分的地步，在与他人发生利益冲突的时候，损人利己的谎言也就随之而来。

避免眼神接触，因为害怕被人看穿

大多数人在说谎时心中难免会有愧疚之感，以及担心谎言被揭穿的恐惧，愧疚和恐惧都会从他们的眼睛里流露出来，比如回避目光交流，或是低头不看对方，或是明显地把头偏向一侧，这些都可以说明这个人不坦诚。说谎时如果与别人对视，心里会更加紧张，然后就反映在眼睛里，因此说谎者本能地转移视线，以消除紧张感。

避免眼神接触或很少直视对方是典型的欺骗征兆。人在潜意识里觉得别人会从他的眼睛里看穿他的心思，因此，很多人会尽量避免和对方有眼神接触，因为心虚所以不愿意面对对方，眼神闪烁、飘忽不定，或者不停地眨眼。影视剧中经常可以看到这样的片段，一个人怀疑别人在对他撒谎，于是对那个人说："看着我的眼睛，告诉我，到底是怎么回事？"而对方却把头低下或者撇开，不敢直视对方。的确，眼睛很容易泄露谎言，躲躲闪闪的目光接触都是对方在说谎的重要标志。

揉眼睛则是另一种避免眼神接触的方式。当一个小孩不想看到某些人或某些事情的时候，他可能会用一只或两只手来揉自己的眼睛。成人也一样，当他们看到某些让他们不愉快的东西时，也可能会用手揉自己的眼睛。揉眼睛这个动作是大脑不想让眼睛看到欺骗、疑惑或是其他不好的东西，或者是不想让自己在说谎时与别人发生眼神接触，以免自己因心虚而露馅。一般来说，当一个男性撒谎时，他可能会用力揉自己的眼睛。如果谎撒得较大，他会转移视线，通常是将眼睛朝下；当一个女性撒谎时，她不会像男性那样用力揉自己的眼睛，相反，她仅会轻柔几下眼部下方，同时将头上仰，以免和对方发生眼神接触。

频繁眨眼也是说谎的标志之一。科学家通过暗中观察发现，人们在正常而放松的状态下，眼睛每分钟会眨6～8次。而这种间隔在非正常状况下会被打破。所谓非正常状态就是说你的内心情绪有较大起伏，比如因为说谎而紧张，这个时候眨眼睛的频率就很可能会显著提升。撒谎的人内心无法平静，承受着担心谎言被识破的巨大压力。在这种压力下，说谎者或许可以控制自己的口头表达，但却很难控制身体语言，于是眼睛因为巨大的紧张感而不停地收缩。

当一个人心理压力忽然增大时，他眨眼的频率就会增加。比如，正常条件下（职业骗子除外），当一个人撒谎时，由于害怕自己的谎言被对方揭穿,他在说完谎话后,其心理压力会骤然增大,相应地,他眨眼的频率也会增加,最高可达每分钟15次。所以,你在和某个人谈话时,如果你发现他总是不断地眨眼睛,说话也变得结结巴巴,你就得留心他所说话内容的真实性了。

此外,英国动物学家戴斯蒙德·莫里斯在观察警察审讯的过程中发现,当人们说谎或努力掩饰某种情感时,他们眨眼时眼睛闭上的时间会比说真话时更长,这是另一种避免眼神接触的方式,说谎者在无意识中通过延长眨眼时间给自己关上"一道门",从而减轻内心因说谎而产生的愧疚感。

对方直视你的眼睛,也未必在说真话

人们往往相信,当一个人说谎时,他会因为心虚而不敢正视对方的眼睛,而是将自己的视线移向一边。那么我们是否可以就此认定,当一个人和另一个人谈话时,只要他敢于直视对方的眼睛,他就一定没有对对方撒谎呢?先不着急回答这个问题,一起来看下面这个试验。

试验中,心理学家把参加试验的人员分为甲、乙两组,并让甲组的人对乙组的人撒谎。同时,心理学家还要求甲组中85%的人在撒谎时一定要看着对方的眼睛。随后,心理学家把甲、乙两组人员的撒谎过程进行了录像。录像完毕后，心理学家来到一家电视台做了一期"你能识别哪些人在撒谎"的谈话节目。让台下观众看完录像节目后，心理学家便开始让他们来识别哪些人在撒谎，并让他们说明各自的理由。

结果发现，很多观众都中了心理学家的"圈套"。在那些撒谎时注视对方眼睛的"骗子"中，有95%的人没有被观众识破，他们认为那些"骗子"在实话实说。因为"骗子"们在说话时敢于注视对方的眼睛。而在那些事先没有被心理学家叮嘱过在撒谎时要注视对方眼睛的"骗子"中，有80%的人都被观众识破了。可见，"注视对方的眼睛"正是说谎者用来伪装的有力道具之一。

由此，我们也就可以回答刚才提出的问题了。长久以来，变幻莫测的眼神、频繁的眨眼、不敢对视，都被认为是说谎的信号。这些看法都有道理，但是由于大多数人都这么想，所以很多人在说谎时就利用这种心理，故意盯着对方的眼睛，显得那么从容不迫、游刃有余，以此表明自己没有撒谎。视线的转移确实会显露出一个人的情感状态。例如，悲伤时，我们的眼睛会向下看；羞愧时，我们会低下头。如果不同意对方的观点，则会直接把视线从对方身上移开。但说谎的人绝不会这么做，因为他们害怕被你看穿。

一整天，小洁男朋友的手机都处于关机状态，小洁很着急。第二天见面时，小洁装作很随意地问男朋友，昨天是怎么了，一整天都关机？男朋友为了掩盖自己的紧张，认真地看着小洁说："哦，昨天手机没电了就自动关机了，我还不知道呢，晚上想给你打电话才发现的。"男友说话时一直看着小洁的眼睛，一副坦诚认真的样子，可小洁还是觉察到了异样。

说谎者的骗术固然高明，但也不是完全没有破绽，因为这种"盯"和自然的凝视眼神是不同的。仔细观察就会发现，这种凝视很不自然。所以，即使对方直视你的眼睛，也未必在说真话。

突然放大的瞳孔揭示隐藏的情感

人类瞳孔的变化是不由人的主观意志控制的，完全是下意识的反应，因此可以真实地反映人的情绪变化。前面已经提到，人的瞳孔会随着情绪的变化而相应地放大或缩小。无论说谎者的演技多么高超，他也无法掩盖这一点。瞳孔的这种变化是人无法控制的，因此只要我们留意观察对方的瞳孔，就能断定他是否在说谎。

当我们对眼前的事物或者谈话内容感兴趣的时候，瞳孔就会放大。如果一个人的瞳孔变化和他试图表现出来的情绪不相符，就可以怀疑他所说的内容的真实性。警察在询问嫌疑人时经常会用到这个方法。例如，警察想要知道嫌疑人和另一名疑犯是否相互认识，会把许多张照片一张一张地给嫌疑人看，其中只有一个是目标人物，嫌疑犯看到目标人物的照片时，瞳孔会突然放大然后恢复，警察如果能够观察到这个细节，基本上就可以下结论了。

关于瞳孔与谎言的关系，俄国有这样一个故事：

一个叫卡莫的俄国人在外国被警察抓获，沙皇政府要求引渡他。卡莫知道，一旦他回到俄国，无疑将面临死刑。于是他装成疯子，企图以此逃过惩罚。他的演技骗过了一位又一位经验丰富的医生，最后他被送到德国一个著名的医生那里进行鉴定。这位医生把一根烧红的金属棒放在他的手臂上，为了逃避惩罚，卡莫忍受着巨大的疼痛，没有喊叫，也没有露出任何痛苦的表情，但是他的瞳孔因为痛苦和恐惧而放大了。聪明的医生看到了这一点，完全明白了他不是个疯子，而是一个正常人。

可见，演技再高超的骗子也无法控制自己瞳孔大小的变化。故事中的医生正是利用瞳孔与恐惧情绪之间的联系发现了这个俄国人的破绽。反过来，人们也可以利用瞳孔变化与兴奋情绪之间的联系来识破谎言。

第二次世界大战期间，盟军反间谍机关抓到一个可疑的人物，此人自称是来自比利时北部的农民。这位农民的言谈举止十分可疑，眼神中流露出机警、狡黠，不像普通的农民那么朴实、憨厚。法国反间谍军官吉姆斯负责审讯此人，吉姆斯怀疑他是德国间谍。

第一天，吉姆斯问这位农民："你会数数吗？"流浪汉点点头，开始用法语数数，他数得很熟练，没有露出一丝破绽，甚至在德国人最容易露馅的地方也没有出错，于是，他过了第一关。

吉姆斯设计了第二招，让哨兵用德语大声喊："着火了！"然而农民似乎完全听不懂德语，一动不动地坐在椅子上，脸上也没有任何表情。吉姆斯心想，这个间谍果然不简单。

吉姆斯冥思苦想，想出了一个特别的办法。第二天，士兵将农民押进审讯室，他依然是一副无辜的样子，十分冷静。吉姆斯看见他进来，假装非常认真地阅读完一份文件，并在上面签字之后，故意用德语说："好了，我知道了，你的确就是一个普通的农民，你可以走了。"

农民一听到这话，误以为他骗过了吉姆斯，不自觉地卸下了防备，于是抬起头深深地呼吸，瞳孔突然放大，眼睛里闪过一丝兴奋。吉姆斯从这短暂的表情中看出了端倪，看来这位农民确实会讲德语，而且之前一直是在伪装。吉姆斯抓住这个细节，对流浪汉进一步审讯，终于揭穿了他的谎言。

总之，瞳孔放大必然和恐惧、兴奋等情绪有联系，即使对方一动不动、一言不发，仅从瞳孔的变化也可以发现他企图掩藏的情绪，从而揭穿谎言。

动作和语言不一致，嘴上说的不能信

人类大脑的边缘系统是非常诚实的，由边缘系统掌控的肢体行为会如实地反映我们的想法，这些动作是我们的主观意识无法控制的下意识的动作。我们之所以可以通过身体语言来识别谎言，原因就在于说谎行为本身的复杂性。看似漫不经心的一句谎言，想要做到滴水不漏不被人怀疑，其实是一件需要动员全身器官共同参与的庞大工程。因此，无论一个人的口才多么好、说谎技术如何高明，他的肢体都会"出卖"他。

人们在说话时，实际上同时在有意识和无意识两种层面上进行交流，说谎者把精力集中在编造谎言、如何应答上面，因而很难控制自己的身体语言。由于人们在交流中同时传递这两种信息，因此说谎能否成功关键就在于对有意识和无意识两种信息表达的控制。讲真话的人，意识表达和无意识表达总会保持一致，而一旦语言和动作之间出现不一致，我们就有理由表示怀疑。在这种情况下，我们难以控制的无意识信号，即动作和姿势，往往才是真情实感的表达，也就是说，当动作和语言自相矛盾时，所说的话就很有可能是假的。

生活中经常可以见到这样的例子，例如，抱怨感冒头疼向领导请假，却以轻快的步伐走下楼梯；嘴上明明说"不是"，同时却在点头；再如嘴上正在说好话，两个拳头却紧紧地握住，那分明就是讨厌你的表现。

动作和语言不一致还有另一种情况，就是时间点不对，这和假装的表情是一个道理。例如一个人在假装生气地说话之后，会故意用拳头捶桌子或者挥舞手臂作为强调，以此来让自己看起来真的很生气。这种事后追加的动作都是刻意为之，并非发自内心。

因此，我们听别人说话时，要同时注意他的肢体语言，拿肢体语言、表情和说话内容做比较，才能看出一个人的真实情绪和动机，除非动作、声音和说话内容彼此符合，否则就一定有所掩饰，那就需要我们仔细观察去找出线索。一旦认清了一个人的习惯做法，也就很容易推测他的其他行为。

不时用手接触口鼻，是企图隐藏真相

频繁用手触摸自己的鼻头或者手指不时轻触嘴唇，是最常见的说谎动作。一旦他的手离口鼻很近，基本上都有说谎的嫌疑。如果他在说话时用手捂住嘴巴，那就表示连他自己都不相信自己说的是实话。这些手部动作起着遮掩的作用，是说谎者在潜意识里企图隐藏真相。

美国前总统尼克松被迫下台之前，议会对"水门事件"展开了调查,当时他正在国会接受审问,在审问期间,人们惊奇地发现,他经常会出现一种非常明显的惯性动作——老是不断地用手触摸自己的脸颊及下巴。

在谈话过程中,时而双手掩面或摸脸,就好像在说:"我不想听你说这些,我不想再谈论这个话题了。"正是因为心中常有不为人知的隐情,感到非常焦虑,才不停地用手接触脸部。用手捂嘴和触摸鼻子是两种典型的说谎标志。

1. 用手捂嘴

这是一种明显未成熟,略带孩子气的动作,很多小孩尤其喜欢使用此种姿势,当然,一些成年人偶尔也会使用此种姿势。一般来说,使用此种姿势的人会在自己说完谎话后,迅速用手捂住嘴,同时用拇指顶住下巴,让大脑命令嘴不要再说谎话。有些时候,某些人在做这一姿势时,仅会用几根手指捂住嘴,或是将手握成拳头状,放在嘴上,但其蕴含的基本意义是不变的。还有一些人则会借咳嗽的动作来掩饰其捂嘴的动作,以分散别人对自己的注意力。

2. 触摸鼻子

触摸鼻子是用手捂嘴这一姿势的"变异",相比于用手捂嘴,它更具隐匿性。有些时候,可能是在鼻子下面轻轻地抚摸几下,也可能很快,几乎不易察觉地触摸鼻子一下。一般来说,女性在完成这一姿势时，其动作幅度要比男性轻柔、谨慎得多，这可能是为了避免弄花她们的妆容吧。关于触摸鼻子的原因，有这样两种较为流行的说法，其一，当负面或不好的思想进入人的大脑后，大脑就会下意识地指示手赶紧去遮住嘴，但是，在最后一刻，又怕这一动作太过于明显，因此手迅速离开脸部，去轻轻触摸一下鼻子。其二，当一个人说谎的时候，其身体会释放出一种叫作"儿茶酚胺"的化学物质，这种物质会使说谎者鼻子的内部组织发生膨胀。与此同时，一个人撒谎的时候，其心理压力会陡然增大，血压也会迅速升高，这样鼻子就会随着血压的上升而变大，这就是所谓的"皮诺曹的大鼻子效应"。血压的上升使得鼻子开始膨胀，鼻子的神经末梢就会感到轻微的刺痛。不由自主地，说谎者就会用手快速地触摸鼻子，为鼻子"止痒"。此外，当一个人感到紧张、焦虑或是生气的时候，这种情况也会发生。

　　看到这里，可能有读者朋友会问，现实生活中的确存在鼻子真正发痒的情况啊，那该如何去区别两者呢？很简单，当一个人鼻子真正发痒时，他通常会用手揉鼻子或是用手挠来止痒，这和说谎是用手轻轻、快速地触摸一下鼻子是不同的。同用手捂嘴的姿势一样，说话的人可以用触摸鼻子来掩饰他的谎言，听话者也可以用触摸鼻子来表示对说话者的怀疑。

　　需要注意的是，不时地用手接触口鼻虽然是一个人说谎时最可能用到的姿势，但这绝不意味着只要一个人做出了这些动作，我们就可以立即断定他一定在撒谎。比如，某人说话时，之所以会捂住自己的嘴，是因为他有口臭，如果我们据此就认为他在撒谎，肯定会伤害到对方的。再如，当一个人陷入沉思而做出以上的动作，通常只是表示他完全沉浸在深度的思考当中。

把头撇开是因为想要逃避话题

我们已经知道，人们说谎时，会下意识地避免与对方对视，例如低着头或者移开视线。如果此时说谎者内心十分紧张不安，他就会做出进一步的防卫动作，例如把头撇开，就好像在说："别再问了，我不想谈这个话题。"

把头撇开是人们说谎时的一种典型的防卫动作。如果仔细观察正在谈话的两个人就会发现，如果一个人对话题感到轻松自在、有兴趣，会不自觉地把头靠向对方，仿佛希望进行更深入的交流。反过来，如果一个人身体后侧，把头撇开不看对方，说明正在谈论的事情令他感到不安，想要停止谈话。清白诚实的人面对别人的责问时，会积极地展开攻势，他之所以激动是因为不想被人冤枉。而心虚的人则会因为不安而做出防卫性的姿势和动作。例如，乔安娜和约翰为一件事情大吵了起来，乔安娜认定约翰做了什么，如果约翰把头撇开，不做辩解，那么看来确实有什么事情发生了。相反，如果约翰十分激动地立刻辩解澄清自己，他很有可能就是无辜的。

把头撇开已经显露出内心的紧张和不安，如果说谎者面对提问极度不安，就会想要逃避，但他不会拔腿就跑，而是寻求空间的庇护。就好像我们受到威胁时想要躲避逃走一样，人们在说谎时，心理上处于劣势，担心谎言被识破，会不自觉地移开身体，他绝对不会主动靠前，而是退后或者转身，以此躲避直面指控的威胁。例如，把身体转向门口的方向、背靠墙壁，而不是坐在屋子中间，因为他看不见背后发生的情况会更加不安。另一种方式是直接寻找"盾牌"来保护自己。例如紧紧地抱着一个抱枕、书包挡在自己的胸前，或者把酒杯放在身前，这些都是在两个人之间制造一种障碍物，好像士兵举着盾牌来保护自己免受伤害，说谎的人利用这些物体挡在两个人之间，免受言辞的威胁。

换句话说，人们交谈时，身体姿势和动作的开放程度和他的可信度成正比。一个人的姿势动作越舒适自在，就越说明心中坦荡无欺，因为他知道自己是清白的，所以没必要紧张不安。而对方如果不敢看你、不敢正面对着你、不敢接近你，那就是说谎的征兆。

第八章
闻言听音：话里话外隐藏真性情

DI BA ZHANG

听到这些话，千万要注意

"可能吧"其实是"我不同意你的说法"

中国有句老话叫作："说话听声，锣鼓听音。"指的是要注意说话方的"弦外之音"。你一定有过这样的经历，当你表达完想法向大家征求意见的时候，大多数人会附和："我同意你的想法。"可是，却有一个不同的声音响起："可能吧……"是的，就是这几个简单的字，你会作何理解？

你也许会想，是他没有思考出否定的意见才这么回答吧。当然，不排除这个可能，但是大部分时候说出"可能吧"往往有言外之意。其实，"可能吧"的潜台词很明显是："我不同意你的说法。"

我们暂时假设他有不同的意见。设想一下，在大家都对你的想法持肯定态度的时候，他往往不好意思直接提出异议。如果他直言不讳"我不同意你的说法"，这需要很大的勇气。这样的人自我防范意识很强，他往往很老练，而且有很多顾虑。也许他觉得只有自己一个人提了反对意见，会招来大家的反感。然而，他又不想违心地表示赞同。在这种情况下，他懂得含蓄，知道迂回,于是只好以一句"可能吧"来敷衍。这样的人一般比较冷静,懂得以退为进,一般人际关系处理得都很好。所以,听到这样的话,你要充分考虑回应人心里的真实状态。在这种语言环境下,他其实很想表达自己的真实想法:我想说不是这样的,但是现在提出反对意见,又好像不是时候……这正是他心里一直在纠结的表现。所以说,"可能吧"的心理语言等同于"我不同意你的说法"。

其实,这种碍于语言环境而不便直接对你表达否定意见的行为是受从众心理支配的。从众心理是指当个体受到群体的影响,会怀疑并改变自己的观点、判断和行为,朝着与群体大多数人一致的方向变化。这种从众心理也被称为"随大流"。一般来说有3种表现形式:一是口服心服,即表面完全服从,内心也欣然接受。二是口服心不服,即表面出于无奈勉强服从,可是内心有着强烈的反对意愿。三是彻底随大流,谈不上服从与不服,看众人怎么样他就怎么样。

与"可能吧"相类似的回应还有"好像是这样吧""也许是吧""大概吧""差不多",等等,这也是很多公司主管常用的回应语,如果你的意见得到了这样的回应,你就需要好好揣摩一下了。

"这样啊"是没兴趣的表现

设想一下,如果你正在和朋友聊天,你一个人海阔天空地发言,他正在倾听。当然,由于你聊兴正起,他除了时不时回应一句"这样啊"之外,根本插不上话。如果他说了三次"这样啊",相信你的聊兴很快就会消退,你也会感觉到朋友对你的言论不感兴趣。

如果他的"这样啊""原来如此啊"出现的频率不高,也许你还会质疑:"他有回应,是不是代表他正在倾听,他会这样说是不是只是个人特有的语言习惯?"实际上,绝非如此,他能这样说只能说明他对你的话题已经感到厌烦了。

我们可以试着想象一下,家里的小孩子追在你屁股后面"要听故事"的情境,如果你去热饭或者做家务而使故事被迫中断,他一定会不停地追问你:"后来呢?然后呢?"也有可能是一直注视着你的眼睛,然后急不可耐地说:"到底怎么样了?快说啊!"是的,这些细节都表明他正在兴致勃勃地听你说。可是,如果只是以"这样啊""原来如此啊"做简单的回应,这说明你的话题他早已失去兴趣,他的内心或许很烦躁,忍受着无法形容的煎熬。他心底有个声音在说:"求你了,别再继续说了,也该轮到我说了。"可是,出于礼貌,他又不得不忍受你的长篇大论,所以才会有心不在焉的反应。

如果这个时候你不能谈些让对方感兴趣的话题,又不肯把话语权交给对方,让他畅所欲言,他会因为无趣而敷衍与你的对话。倘若你问他与谈话内容相关的问题,他多半会回答你"没什么啊"或"没怎么样啊,能怎么样啊",这也是小孩子敷衍大人的常用语。如果你是家长，你正长篇大论地教训孩子，孩子却没有耐心倾听，他像是睡着了一样，没有一点精神。这时，你问他："听清楚没？你怎么了？很困吗？"他往往会答非所问地敷衍你一句："没什么啊。"收到这样的回应，你一定有点不知所措甚至气急败坏，认为孩子真是叛逆。其实，是你没有读懂孩子。"没什么"的潜台词分明是"我不想回答"或是"你说的我都懂，我是有话，但我不想和你说"。这也是他不想继续倾听也不想和你继续沟通的标志。他是想表达自己的想法，但是又担心即使说出来你也不会理解，还会招来麻烦，于是直接用"没什么"来敷衍你。一般到了这个时候，你不要尝试打破砂锅问到底了。

不想听又不得不听，想说又不能说，这样很纠结。无论是什么原因，都是对方失去倾听兴趣的表现。你要想了解他们的内心，只能静观其变，耐心等待。

说"过去就算了"，往往是欲盖弥彰

设想一下，朋友和你闹了矛盾，彼此搞得很僵，被人极力劝和之后，他往往会说什么？他可能会沉默半天，来一句："算了，过去就算了！"朋友间即使关系再亲密，也可能会有摩擦与冲突。在这种情况下，说话人往往没有仔细反省、检讨事情的经过，而只是简单地说"好吧！上次的事情过去就算了，别再提了"，或口口声声地说"让我们重新来过吧"。其实，这并不是真正想解决彼此冲突的表现，只不过是欲盖弥彰。

另一种提议和好的人，是由于内心充满愧疚感和罪恶感，如果觉得自己理亏，又怎么好意思不向对方低头呢？所以思来想去，就提议道："过去的事就让它过去吧。"当然，如果对方已先提出和好的建议，另一方虽然仍心存芥蒂，但因为对方的示好往往也会豁然开朗，深觉对方是个气量大的人。于是，彼此的关系得到了缓解。

此外，如果是同一工作单位的同事、朋友或是情侣、夫妻之间，也容易产生摩擦，尽管有些时候是些微不足道的小事，但如果长期郁积于心，也容易产生不良的后果。所以，许多人为了缓解这种暂时的冷淡关系，选择了"既往不咎"。倘若真的是不记恨过去的事了，自然有望言归于好。可是生活中，常把"过去了就算了吧"或"重新开始"这类话挂在嘴边的人，实在是太多了，他们到底是抱着何种心态呢？他们是真的想"既往不咎"吗？既然这种人惯用这些话，可见他们常常与人发生争执。

生存于人际关系复杂的社会，难免会与人发生纠纷。问题是这种人轻率地选择了这类问题的解决方式，他们为了缓和与人的矛盾而轻易说出"过去就算了"这样的话，其实往往是欲盖弥彰，他们忽略了彼此心中难以解开的心结，表面上看起来他们似乎恢复了往日和谐的关系，而且也已不念旧恶，心态平和。但实际上他们的关系通常更加激化了，他们往往不会如此轻易地既往不咎。在以后的生活中，可能一个无心的眼神，一句无心的玩笑，都将使他们之间的战争如火山般爆发。

一个人如果真的完全不在乎过去的纷争，他就不会再说"过去了就算了"之类的话，只要他开口说出这种话，就说明这件事在他心中还占有一定的位置，他还在介意着，所以才会刻意说这种话来加以掩饰。根据这点，我们可推断出，这个人所说的话，并非为对方而说，而是在宽慰自己或者是为了给规劝的人一个台阶。换句话说，此人心中仍存有愤懑、厌恶、憎恨，为避免这种冲动扩大，带来不好的影响，所以他才会动辄就说："过去了就算了，还提它做什么？我都忘记了。"其实，这样说的人并没有真正忘记，这种行为正表现出他极力克制的心理。

常说"过去就算了"的人，常常压抑自己的情绪和内心的情感，虽然他自己也许未曾有这方面的意识，但这种抑制的能量，会不断地累积，一旦累积到一定程度就会爆发。因此有人说："他和我有过节，我也没怎么样，他就发火了。"可见，这种人的积怨不容忽视。即使再良好的人际关系，也难免会因一些微不足道的误会而破裂，但只要设法了解彼此的真意，尊重对方内心的想法，彼此的关系就可以得到缓解，从而化解误会，增进彼此的情感。

常说"真的吗"，需要你的真心关怀

每个人都有一些不同的说话习惯和常用语言，例如，有些人在心理状态改变的情况下，语调会降低或提高，或说话时夹杂着一些口头语，像"真的吗""不会吧""你知道吗""啊、呀、这个、那个"，等等。当然，这种口头语具有鲜明的个人特色，可以帮助你了解说话者。

如果你的朋友常常说"真的吗""不会吧"，你不要觉得他是在针对你、对你的话有所怀疑。相反，这表示他想给你一种没有威胁和企图心的友好感觉。他做人很被动，自信心又不够，需要得到你的真心关怀和肯定。其实这种人很容易相处，如果你能站在朋友的立场上和他交流，以朋友的心态分享他的想法，并给予他肯定和赞赏，他很快就会对你敞开心扉。

美国路易斯维尔大学的心理学家斯坦利·弗拉杰声称，从一个人的习惯用语中，可以看出一个人自身的很多东西。社交中，绝大多数人都有使用口头语的习惯，每一种习惯用语，都体现了说话者的性格特征。

1. 啊、呀、这个、那个、嗯

经常使用这些词的人，一般有两种情况，一是他们的词汇量少，反应也比较迟钝，在说话时由于思路中断而形成口头语。二是比较有心机的人，他们担心说错话会造成不良的后果，因此需要利用间歇话语思考。这样的人需要你多花时间去沟通，短时间内他不可能把你真正当朋友。

2. 你知道吗

如果你的谈话对象高频率地说："你知道吗？"相信用不了一

会儿，你就受不了。说这话的人不自觉地展现了自身的优越感和好为人师的心态。这样的人往往不喜欢你说太多，你给他一只耳朵倾听就够了。他通常认为自己懂的比你要多很多。倘若你尝试着说服他，你很快就会感觉自己是在做无用功，因为他太强势，很难接受你所传达的信息。

3. 应该、必须、必定这样

经常使用这样短语的人，一般自信心极强，他表面上显得理智、冷静，但是如果你和他交谈，你就会感觉不舒服，他简直把自己当成了你的家长。他习惯对你"指手画脚"，"热心"地告诉你什么该做，什么不该做。

4. 另外、此外、还有

你的朋友经常说"另外""还有"，这表明他是个思维敏捷的人，他喜欢参与各种各样的活动，并且热衷新事物，讨厌一成不变的事物。他的思想前卫大胆，经常有一些别出心裁的创意，让你刮目相看。但不足的是他做事容易厌倦，有时只凭一时兴起，做事往往不能坚持到底。

由此可见，口头语看似不经意却又往往是最常见的，它常与说话者的性格、心理活动、精神状态、生活境遇有关。我们透过这些显而易见的口头语来判定一个人，可以很容易地得到客观的结果。

把"诚实"挂在嘴边,不如以行动证明

如果你去市场逛一圈,你的耳朵会被"我不骗你,这东西真不错""骗你我就……"灌满。事实是,你很可能相信了他的鼓吹,买回了一堆"用着可气,丢了可惜"的东西。西方流行这样一句谚语:"当真理还在穿鞋的时候,谎言已跑出很远了。"要知道,当有些人觉得有利可图的时候,往往会选择将"诚实"挂在嘴边,当他们不停地念叨"不骗你"时,往往最不可信。

又到了发工资的时间,这次丈夫却只交给妻子一小部分,妻子问丈夫:"这次工资这么少,钱都哪去了?"丈夫眨了眨眼说:"最近公司效益特别不好,每个人都只领到一部分工资。"妻子说:"不可能啊,上午我还碰到你们部门的王经理,没听他说你们公司效益不好啊!"丈夫红着脸,有些着急地说:"你怎么不相信我?我什么时候骗过你?我是什么人你还不知道吗?"妻子没有相信丈夫的话,她佯装要给丈夫的领导打电话,丈夫无奈只好承认自己将工资都赌输了。

当一个人心里发虚想让你相信的时候,他会特别强调自己是"诚实"的,越是这样说,越体现了他内心的忐忑不安,底气不足。如果你在他表明自己是"诚实"的时候保持沉默,他会变得更加心虚,以为自己受到了怀疑。为了取信于你,他

不停地提到"诚实"，和你赌咒发誓，就像例子中的丈夫一样，他用了三个疑问句来表明自己是"诚实"的，殊不知，这些越描越黑的话正泄露了他的不可信。对于坦荡的人来说，他们做出了解释，心里就是轻松的，他不会再多说什么了。反之，如果总是唠唠叨叨地向你表明自己是诚实的，这样的人往往不可信。

仔细观察可以发现，总是把"诚实"挂在嘴边的人，经常说错话。他们的话经常前后矛盾，让你想不怀疑都难。其实我们每个人，都有在无意识中说出奇怪的话的经历。心理学家弗洛伊德认为，说错、听错，或者是写错等"错误行为"，都是将内心真正的愿望表现出来的行为。

一般情况下，说错话的一方都会找出自己是"不小心""不是真心的"等借口，他们会说："我不骗你，是真的，我那样说是不小心的！"但实际上，那不小心说错的话，其实才是他真正想说的。这在人们的日常生活中，可以说是屡见不鲜。如果你的交谈对象是个常常会说错话的人，我们可以推断他是习惯性地隐藏"真正自己"的人，也是个表里不一的人。而且，他心中总是很强烈地禁止自己把真心话表露出来。

"这件事绝不能讲出来""这事绝不能弄错，非小心不可"，当他们越这么想的时候，便越容易将它们说出来。相信很多人在日常生活中，也会遇到类似的情形吧！越是被禁止的东西，越去压抑它，就越容易流露出来。

总而言之，交流对象越想要去隐瞒、掩盖暗藏在他们心中的事情，就越容易说错话或做错事，无意之间让心虚表露无遗。

有6种说话习惯的人，防不胜防

"一样米，养百样人。"每个人的说话方式都不同，不同的说话方式体现了不同人的性格特点，本文将此总结一下。如果你的身边有以下几种类型的人，你就要小心提防了：

1. 吹嘘有靠山的人

一些到处吹嘘、宣扬自己有靠山的人总是在别人不问及这种事时，自动把这个"秘密"得意扬扬地说出来。

如果你详加调查，就会发现如下的事实：他说的交情匪浅的前辈，根本就不屑与他为伍；他说的有力人士，原来是虚构的人物；他说的教授，人家根本就不认识他。

2. 轻易许诺的人

这种类型的人，别人越向他们请求什么，或是托他们办什么事，他们就越趾高气扬。他们答应别人的要求时，总是毫不犹豫、轻松愉快，但事后却几乎都是食言而不了了之。

如果轻信他们，你就极有可能掉入陷阱。

对那些一开始就没有替人办事的真心，却事无巨细、一律轻诺的人，应列入不可信任人物之列。对这种人千万不能轻信，否则，你将遭到意想不到的损失。

3. 因人而变的人

为了与客户应酬，花公司的交际费时，如上司不在场，总是把最贵的威士忌当茶猛喝；如上司在场，就故装客气地说："我喝啤酒就好了。"

在部属面前，总是摆出科长的臭架子，一副唯我独尊的样子；可是，在上司面前就摇身一变，像伺候国王那样，毕恭毕敬。

因对象的不同而改变态度、主张的"善变型"人物，不值得信赖。当他对你诚恳地说："这件事情的真相，其实是这样的……"或是说："这个秘密我只能对你说……"你也千万不要因他诚恳的口气而轻信他。因为他在别人面前，八成也会说这种话。换句话说，他是个"一口两舌"的撒谎者。如此判定，你才不至于吃大亏。

这一类型的人，具备"善变"的本领，而且天天琢磨此技，其编造口实、假装正经的技巧，越来越高明。虽然在目前，好像不会让你受害，但你若太大意，有朝一日，定会掉进他的巧妙圈套里，使你元气大伤。

4. 搬弄是非的人

不要以为把是非告诉你的人便是你的朋友，他们很可能是希望从中得到更多的谈话材料，从你的反应中再编造故事，所以，聪明的人不会与这种人推心置腹。而令他远离你的办法，是对任何有关你的传闻反应冷淡，无须作答。

如对方总是不厌其烦地把不利于你的是非辗转相告，以至于对你的情绪造成很大的负面影响，你应拒绝和他见面或不接他的电话，此类人不宜过多交往。

5. 嘴巴甜的人

这种人开口便是大哥大姐，叫得又自然又亲热，也不管他和你认识多久；除此之外，还善于恭维你，拍你"马屁"，把你"哄"得麻酥酥的。这种人因为嘴巴伶俐，容易使人毫不设防，如果他对你有不轨之图，你不就上了他的当？而且，你会因为他的奉承而不去注意他品行上的其他缺点，容易把小人当君子，把坏人当好人！

此外，这种人可以轻易对你如此，对别人当然也可如此。所以，碰到嘴巴甜、会奉承的人，你必须升起你的警戒网，和他保持距离，以便好好观察。如果你冷静地不予热烈回应，若对方有不轨之图，便会自讨没趣，露出原形。不过，为了避免"以言废人"，你不必先入为主地拒他于千里之外，但是须随时警醒。

6. 隐忌掩饰的人

这种人好像没有脾气，你骂他、打他、羞辱他，他都笑眯眯的，即使不高兴，也藏在心里，让你看不出来。这种人把自己隐藏起来，不让你知道他的过去，也不让你知道他对某些事情的看法。换句话说，他是个深沉、难测的人。你搞不清楚这种人心里在想些什么，也搞不清楚他的好恶及情绪波动，碰到这种人，真的让人无从应对，如果他对你有不轨之图，你是无从防备的。因此对这种人，你要避免流露出内心的秘密，更不可和他谈论私人的事情。与这种人保持礼貌性交往的同时，也要避免做出得罪他的事。

"老调重弹"的话题，希望你继续追问下去

你一定有这样的经历：某一天你遇到一个不厌其烦、老调重弹的人，他的喋喋不休搞得你想插嘴都难，他沉浸在自己的世界里无法自拔。你有大吼"受不了了"的冲动，可是出于礼貌却不得不忍受……每个人都有喜欢的话题、爱讲的小故事或美好的回忆。除了年老健忘之外，经常老调重弹不顾忌他人感受的，一般是出于以下两个目的：他想避免谈话中断时的尴尬，所以用这些话搪塞过去；或是想确认你能收到他内心的信息，希望你能继续

追问下去。

小丽是一个体重超标的女孩。在一次联谊会上,她一会儿和人大谈特谈自己18岁时苗条秀美的样子,一会儿又把那时的照片翻出来给大家看。发现大家都失去了兴趣她才开始聊其他的话题,她又不止一次地提起自己5年前减肥成功的事迹。她说:"我那时候真胖啊,比现在还胖呢,有二百多斤,后来吃了减肥药又拼命运动,还真瘦了……"她的唠叨渐渐引起大家的反感,联谊会的气氛顿时尴尬起来。

从此例可以看出,小丽这样多次重弹老调无非是想引起大家的注意,让大家对她的话题追问下去。话题的不断重复和这些明显的自吹自擂,表示小丽内心极度缺乏安全感,这可能是由于她体重超标引发的。她也很想被大家接纳,甚至不惜把话题引到女孩避讳的体重上。她利用这样的话题来确认大家接收到了她内心的一些讯息,她想让大家对她的话题发问:"怎么变胖了?怎么减肥成功了?"这些问题在她心中已经有了预设的答案,她很期待大家发问,这也表明她的内心很孤独。家里年迈的老人也常常有这样的表现,他们"拉不断、扯不断",絮絮叨叨地重复着同一话题。他们内心希望的是我们能像小时候听他们讲故事一样,在关键的时候表现出极大的兴趣,追问他们:"接下来呢?下面发生了什么?"

如果你遇到沉迷在某个话题无法自拔的人,不要试图打断他。从他的谈话内容中,你可以寻找到他内心的答案,究竟什么因素引起了他的焦虑、不安、困惑或者是欢喜和满足?不管原因为何，你要知道，他的思绪已经被一些事物完全占满，暂时无法容纳其他的事物。这些事物不会凭空消失，也无法被忽略，这些看起来无关痛痒的事物，你的交流者却迫切地想让你知道，即使你明确地表示你已了解，也不一定会转移他的注意力。

好用夸张说法的人，渴望与人交谈

生活的语言要是用简单的颜色来划分，我们可以将它分为黑、白、灰三种。假设乐观的人用白色的语言："好极了""太棒了""相当完美""最美的"，悲观的人用黑色的语言："太糟糕了""太可悲了""失望透顶""最讨厌"等，那么剩下的灰色语言就是我们大部分人在日常生活中所应用的了。像黑、白这种极端的语言，由于没有中间过渡的灰色成分，我们把它称为夸张说法。

假设你在小区里遇到一个好用夸张说法的人，当你说："天气不错啊！"他通常会接一句："是啊，简直太棒了，从来没遇到过这么好的天气！"如果你和他聊起几年前你去看颈椎病遇到了一个很讨厌的医生，那么他会说他碰到的医生比你遇到的糟糕一百倍。如果你表示知道一家火锅料理店很不错，他则表示他知道全世界最棒的火锅料理店在哪里。这种谈话过程让你痛苦无比，而他自己并没有意识到这一点。通常来说好用夸张说法的人,往往缺乏安全感或是希望受到他人的注目。他们十分渴望与人交谈,也想控制谈话内容和谈话者的行为。他们往往会说:"那家餐厅简直完美极了,你怎么不去尝尝?""那本书简直糟糕透顶,谁买它就是大傻瓜,你不会买吧?"……

好用夸张说法的人喜欢用这些极端的字眼来描绘事物,像"完美极了""糟糕透顶""简直是大傻瓜",等等。有时候,他们不是想控制他人,只是因为那是他们看待事物的方式。他们通过这些夸张的字眼引起你的注意,逼得你不得不听他们讲话,与他们交流。通常情况,我们都不喜欢和这些好用夸张说法的人聊天,觉得他们说话不靠谱。由于缺乏与人沟通交流,他们容易对生活产生不满,也急于告诉他人这一点。于是,他们总像是在生活中遭遇了重大打击一样。其实,他们需要的往往是你能坐下来,安静地听他聊一聊。

爱打断他人话题的人,也是想引人注目,渴望与人交谈。他们内心缺乏安全感又渴望被人重视,他们很想抢走别人的风采,要大家都听他们讲话,成为众人瞩目的焦点。他们会挑起一个毫不相干的话题聊个没完没了,或者抓住一个话题不放以便控制聊天的局面。他们不会认真聆听你的谈话内容,不会专注于你所讲的每一个字,有时候听了你的话他们乐得不得了,非要插一嘴不可,或者是在紧要关头和你来一场唇枪舌剑,让你十分懊恼。这样的人多半没有恶意,他们给人的印象永远是快人快语。实际上,他们只是对你的谈话内容不感兴趣,或者是渴望与你交流,期待你的重视。

第九章
DI JIU ZHANG

社交众相：慧眼看破众人社交心理

对你彬彬有礼的人不欢迎你和他太亲近

人与人之间相互交流的语言是反映关系亲疏的重要标志。仔细想想你会发现，和闺密、死党在一起时，说话总有点大大咧咧，想说什么就说什么，甚至互相"使唤""数落"对方，这样反而更能显出友谊深厚。爱人之间更是如此，所谓"打是亲，骂是爱"，打打闹闹的夫妻情谊深，相反，"相敬如宾"则很有可能演变成相敬如"冰"。反过来，和不熟悉的人交往，人们会十分注重礼貌和礼节，说话做事都小心翼翼。语言可以拉近或疏远彼此之间的心理距离。保持适当的心理距离是人际交往的必要条件，然而，如果一个人对你总是彬彬有礼，就不只是礼貌，而是一种自我保护与防卫。

晓媛进入公司已经两个月了，生性活泼的她与办公室的同事相处得不错。其中一个女孩对晓媛总是非常客气，"请""没关系""谢谢"总是挂在嘴边。一开始，晓媛觉得这个女孩很有修养，于是想和她交朋友，后来慢慢发现她其实不太喜欢自己，她们的关系总是不远不近，反倒是那些互相打趣、开玩笑的同事和自己成了要好的朋友。

可见，礼貌有时被人们当作与人保持距离的武器。对于不想亲近的人，人们不好意思直接说"我不喜欢你，请你离我远一点"，于是采用这种婉转的方式，见面会报以微笑，说话也总是很客气，甚至有时候过分客气让你觉得不好意思，这就是他在暗示你"我把你当成外人，不想和你太亲近"。如果有人这样对你，千万不要误会他是个"十分懂礼、有修养的人"，真正有修养的人不会让别人感到不舒服。遇到这种情况，最好知趣地应酬几句就走开，别把对方的礼貌当成对你的好感。

日本语言学家桦岛忠夫说："敬语显示出人际关系的亲疏、身份、势力，一旦使用不当或错误，便扰乱了应有的彼此关系。"在某种无关紧要或特别熟悉的人际关系中，我们根本没有必要使用敬语。如果在很亲密的人际关系中，碰见有人突然使用敬语对你说话，那就得小心了：是否在你们之间出现了新的障碍？如果在交谈中常常无意识地使用敬语，就说明与对方心理距离很大。过分地使用敬语，就表示有激烈的嫉妒、敌意、轻蔑和戒心。所以，当一个女人对男人说话时，若使用过多的敬语，绝对不是表示对他的尊敬，反而是表示"我对他一点意思也没有"，或是"我根本就不想和这类男人接近"等强烈的排斥反应。

有些人虽然彼此交往了很长时间，双方也很了解，但是，对方依然在用客气的言辞，说话也十分谨慎，谈话总是停留在寒暄的层面。在这种情况下，对方如果不是在心理上怀有冲突与苦闷，就是在心中怀有敌意。为求掩饰，便启动反作用的心理防卫机制——对人更加恭敬。这等于说，这类以令人难以忍受的过分谦恭的态度对待别人的人,内心往往郁积着对别人的强烈攻击欲。反之,有人故意使用谦逊与客气的言语,因为他们企图利用这种方式和态度闯进对方心里,突破对方心中的警戒线。实际上,他们的真正动机在于掌握对方,实现居高临下的愿望。

总之,无论是哪一种情况,如果有人总是对你彬彬有礼,即使认识很长时间了也一直如此,那么请提高警惕,对方心里从未把你当成朋友,你最好也敬而远之,这样大家才能相安无事。

5种小动作代表他想尽快结束谈话

假如你是小学老师一定深有体会,在快下课的时候,班上的那些"小麻雀"早就没了耐心,他们往往一边听着你喊"不许做小动作,好好听讲",一边自顾自地把玩橡皮、摸摸铅笔。他们在心里默念着倒计时,翘首期盼下课铃声响起……他们做这些小动作,只是想尽快结束一堂课,不再听你的长篇大论。生活中也是如此,有时候对方明明觉得你的谈话毫无趣味,太啰唆,和你谈话不会有任何结果,但是出于礼貌,他们一般不会指着你的鼻子叫你闭嘴,他们会用一些明显的暗示性的动作来提醒你:尽快结束谈话,赶快拿包走人吧。

小动作之一：单手撑住整个侧脸

你的长篇大论使他睡意来袭，他为了避免被你识破，只好用单手撑住侧脸，告诉自己："不要睡，不要睡，再坚持一会儿，快结束了。"有时候他甚至想用手指撑开眼皮，他这是在明示："我都听困了，真想结束这场谈话啊！"如果这个时候，你还不管不顾，相信他一定在心里骂你"没长眼睛"。

小动作之二：眼睛不时向门口张望

一个人的视线总是会追随着自己感兴趣的东西。如果你没站在门口和他交谈，门口也没有人在进进出出，而他却总是不停地向门口张望，这表明你已经把他逼到想夺门而逃的地步了，他们想尽快结束谈话，远离你的噪声污染。

小动作之三：用手抓耳朵、拨拉耳朵

俗话说"非礼勿听"，就是想防止不好的事情传进耳朵的意思。小孩子不想听父母唠叨的时候，也会用手拨拉耳朵、抓耳朵或者干脆用手掩住耳朵。和用手抓耳朵用意类似的动作还有摩挲耳背、掏耳朵，等等。在这里，如果谈话对象对你做出了这样的动作，表示他已经听够了、不想再听，他想尽快结束谈话。

小动作之四：喝水、吃东西

他们会通过喝水、吃东西等动作来干扰你讲话，他们会把东西咬得嘎巴嘎巴响,喝水也会喝得呼噜呼噜的。这样做表明他们已经对你的长篇大论忍无可忍了,你再不结束话题,他们都有朝你丢杯子的冲动了。

小动作之五:晃动双脚,双手往后撑

如果他晃动双脚或是轻轻敲打双脚,这表明他已经不耐烦了或厌倦了。晃动双脚,双手往后撑是他已经感到累了的象征,他这是在做逃跑的动作,这个姿态的意思是:"你说得不累吗?我听得都快累死了。赶快结束你的废话吧!我不想和你待在这儿了。"

在你了解了这些小动作所暗示的信息后,当你面对某人,无论你的谈话欲望有多强烈,如果你看到他一面在听你说话,一面做着这些小动作,你就可以判定他还有其他事,心已不在你这里,快把他放走吧!

说话间隔时间长的人,喜欢做逻辑分析

某公司下午紧急召开会议,公司负责人中午却喝多了,他摇摇晃晃地掏出秘书午饭期间赶出的发言稿,大声地朗读起来。读到一段话的末尾,负责人字正腔圆地说:"括号,此处有停顿,鼓

掌……"大家在愣了片刻之后，哄堂大笑。当然，这仅仅是一则笑话，但是这也反映出说话语句间隔和缓急变化的重要性。

平均来看，人类一分钟可以说150~200个字，每句话之间的间隔时间大概在一秒到两秒。每个人的说话习惯不同，有的人说话简直像连珠炮，一刻也不停歇，让你听了都感觉累。而有的人说话速度正常，但句与句之间间隔时间特别长，有时听得你都快睡着了。别以为他是慢性子，有这样的表现恰恰表明你的谈话对象是个喜欢深思熟虑的人，他所说的每一句往往都是经过反复思考的。他平时给人的印象是冷静、有条理、做事理智。当然，他也会习惯性地怀疑别人。如果你和他交谈，辅以书面材料或研究数据比你夸夸其谈要有效得多，别以为你们交情很深，他就会感情用事。其实，这类人最重事实，喜欢做逻辑分析。

可见，从一个人说话间隔的时间和说话速度，可以分析出他的个性和心理。现在，就让我们一起来看看其他的语言习惯吧！

1. 说话没有停顿点的人，喜欢吸引你的注意

他有时自信，有时自大。他主观意识很强，说起话来总是滔滔不绝，几乎没有停顿点。想让他听进去你说的话，还真不是件容易的事，他更喜欢你能专注于他的谈话。如果你试图打断他，他会明显不高兴。他喜欢吸引你的注意，如果你对他的谈话表现出浓厚的兴趣，他会变得很友好。

2. 说话缓慢平稳的人,喜欢和你分享生活经验

听他说话,你会感叹:"他说话简直就像电视科普节目的旁白啊!"是的,这就是他说话的频率特点。他表现得很成熟、理性、随和。他总喜欢和你分享一些生活的经验。你和他沟通不会感到有压力,他总是从客观的角度看待事物,并且对你表现得十分友好。

3. 说话速度由慢转快的人,是为了掩饰内心

如果你的谈话对象说话速度忽然由慢转快了,这表明他非常紧张或着急。他想掩饰住自己内心的真正想法,想以较快的语言速度来干扰你的判断。当然,如果他谈到的话题正好是他比较感兴趣的,一般也会出现语速忽然间加快的现象,这就需要依具体的语境来判断了。

4. 说话速度由快转慢的人,对你有所怀疑

如果你的谈话对象说话速度忽然由快转慢了,你要好好考虑你的谈话重点了。一般他们出现这样的反应表明他已经开始对你有所怀疑了,甚至对你有隐隐的敌意。通过放慢语速,他想强调自己内心的想法和观点,也想告诉你他有不同的意见。如果此时你不能掌握他释放给你的讯息,他的敌对心态和怀疑将会进一步加深。

交谈时不同的身体语言，透露说话者不同的心理及性格特征

如果交谈的人在与你面对面坐着或站着时，他总喜欢不时地摸一摸头发，你是不是觉得他可能做了新发型，在吸引你的注意力？其实不然，这种人就算是一个人独自在家看电视，也会每隔三五分钟"检查"一下头发上是否沾上了什么不好的东西。他就是享受这种"过程"，对事情的结果倒是毫不在乎，因此，如果他为之努力和奋斗了许久的事情失败后，你别想从他的脸上找到一丝丝的懊恼，他通常会说："我问心无愧，因为我努力了，去干了！"

生活中这类人不在少数，他们大都性格鲜明，个性突出，爱憎分明，尤其疾恶如仇。假如公共汽车上有小偷，而乘客恰恰都是这类人，那么这个小偷就倒霉了，他一定会被当场打个半死。这类人一般很善于思考，做事细致，但有的缺乏一种对家庭的责任感，他们的喜悦来源于追求事业的过程。这句话听起来有点玄乎，不过仔细想来你就会明白，喜欢努力和奋斗的人，是不在乎事情的结局的。

许多人在说话时，往往会伴随着一些动作，这些动作，有的是习惯形成的，有的则代表一些心理暗示。像交谈时摸头发、抖腿或打手势等这些身体语言动作，往往透露着说话者的某些强调或附加的含义，还反映着不同人的心理及性格特征。现在就让我

们一起来看看这些不容忽视的动作都分属于什么人吧。

1. 交谈时不断抖腿的人，爱制造"醋海风波"

无论是开会也好，与别人交谈也好，还是独自坐在那儿工作，或是看电影，有些人总喜欢抖腿或者脚尖点地带动整个腿部颤动，有时候还用脚尖磕打脚尖或者以脚掌拍打地面。当然，这种行为举止难登大雅之堂，但习惯者却总是习以为常。

设想一下，倘若你的谈话对象完全不顾及你的感受，也不认真地倾听你到底说了些什么，他只是自顾自地抖起了腿，好像爽得一塌糊涂。我想，你肯定有一种把水泼到他脸上的冲动。是的，这种人最明显的表现是自私，很少考虑别人的心情，凡事从利己的角度出发。如果是男性，他和妻子的关系也好不到哪去，因为这种人对妻子的占有欲望特别强，经常会无缘无故地制造一些"醋海风波"，在这个问题上说他有"神经质"一点也不过分。他对别人很吝啬，对自己却很知足，据说"守财奴"——欧也妮·葛朗台就有这个"良好"的习惯。不过这类人也不是毫无优点，他们通常很善于思考问题，会给周围的朋友出一些意想不到的主意。

2. 边说话边打手势的人，爱扮演"护花使者"

你的谈话对象喜欢边说话边打手势，只要他们的嘴一动，就一定会伴随一个手部动作，摊双手、摆动手、相互拍打掌心，等等，好像总是在对自己的说话内容进行特别强调。事实上，他们相当自信。他们通常做事果断，踏实肯干，性格外向而又奔放。这样的性格使他们的事业大都小有成就。无论在什么场合，他们都习惯把自己塑造成一个领导型人物，很有一种男子汉的气派。这类人去演讲一定会极尽煽动人心之能事，他们是气氛的活跃剂，良好的口才时常让你不信也得信。他们与异性在一起时表现得尤其兴奋，总是急于向人展示出他的"护花使者"身份。当然，他们对朋友相当真诚，但通常不轻易把别人当成自己的知己。

3. 说话时紧盯你的人，看起来像"花花公子"

有些人在和你谈话时会目不转睛地看着你，他们的目光冷冷的，好似透视光，让你总有一种想逃离的感觉，根本无暇顾及他们说了些什么。

在生活中，这种人也常常盯住一个人不放，当然，并不是说他看上了这个人。他们的支配欲望往往很强，而大多数的时候他们确实又都有某种优势，他们仿佛也特别幸运，占不到天时、地利就一定能占到"人和"。因此只要有机会，他们就会向别人表现自己，这使他们的行为时常看起来像花花公子。但有一点值得大家肯定，他们在大是大非面前很懂得把握自己，如果选定了人生的目标就一定会去努力实现。但他们又不喜欢受束缚，经常我行我素。另一方面，他们比较慷慨，因此他们周围总是围绕着一些相干和不相干的人。自然,有真心的,也有看中"酒肉"的。

总之,只要我们留意和细心观察,便可以从说话人的动作中窥探到他们的内心世界,从而了解这些人的性格特征。

喝酒握杯方式展现真实心理

喝酒是人们最喜欢的一种消遣形式,在我国有着几千年的历史,创造了无数奇迹与辉煌,如王羲之因酒书成《兰亭序》,李白因酒诗千首;更有的人将酒当成莫逆,形影不离。但酒的作用不仅仅局限于此。喝酒时必须有拿杯子的动作,这个动作虽然简单,但也有细致的心理学家和行为学家对人的握杯方式进行了长时间的研究,发现不同的握杯的方式可以表现出不同的内心世界和性格上的差异。

1. 聪明的人

聪明的人喝酒时用力紧握杯子,拇指用力地顶住杯子的边缘。他们会巧妙地应付对方的敬酒,饮酒量能够保持一定的限度。他们要是不想喝醉,就一定不会喝多,任凭对方如何劝导、地位如何显赫,他们也会很好地把握自己。

2. 虚伪的人

虚伪的人喝酒时紧捂住杯口,好像是要掩盖住自己的真情实感似的。这种人从不轻易在别人面前暴露自己,他们觉得引人注目往往会使生活不得平静,再有他们害怕他人看他们的目光会和他们所希望的不一致,那是一件非常丢面子的事。

3. 好动脑筋的人

好动脑筋的人喝酒时一只手紧握杯子,另一只手则漫不经心地划着杯沿。这时候的他们把饮酒当成一种简单的外在活动,酒的味道好坏与否根本无关紧要,有的人沉思时还常常用两只手抓住酒杯。

4. 忙忙碌碌的人

忙忙碌碌的人喝酒时喜欢玩弄各种杯子。他们虽然在饮酒,但心早就不知道飞到哪里去了,所以这份漫不经心转移到杯子上,杯子就成了他们的玩具。他们办事往往不能集中全力,虽然工作占据了他们很多的时间,但较大的成功通常和他们无缘。

5. 活泼好动的人

活泼好动的人总爱用手掌托着杯子,边喝边滔滔不绝地说话。这时候的他们会完全忘记自己是在饮酒,他们的心思都集中在谈话的内容和给对方的感受上，之所以喝口酒，只是为了滋润一下说干了的喉咙。

6.贪婪的人

贪婪的人握住高酒杯的脚，食指前伸，故意显出高雅和与众不同。他们青睐有钱、有势和有地位的人，他们这种人的内心世界完完全全写在了脸上，阴与晴预报出他们遇到了什么样的人。

从握手姿势观察对方性格

握手是见面时最简单最常见的一种礼节。美国有位心理学家指出，一个人握手时所采用的方式很能表现出他的个性，一些下意识动作能够表达他的思想。例如说，如果掌心向下，表示此人心高气傲，喜欢高高在上，其支配别人的意识非常强；如果掌心向上，则表示握手者性格温顺，乐于服从，而且为人谦虚恭顺；如果两个人都垂直手掌相握，即表示两者都愿以彼此平等的地位相交。商务交际时，若对手是属于平等型，则交往时可以较为开放地表达自己的意见；如对手属于支配型，则应采取"顺毛摸"的办法，哄着对方就范；如对方是温顺型，则应实实在在和对方打交道，否则有可能"吓"跑对方，生意也肯定会告吹。

现在，让我们再来看看握手的类型，看一看由美国心理学家列举的不同的握手方式及它们所流露的心迹。

1. 摧筋袭骨式

握手时，他紧抓你的手掌，大力挤握，令你痛楚难忍。这类人精力充沛，自信心强，为人则偏于独断专行，但组织能力及领导才能都很突出。

2. 沉稳专注型

他握手时力度适中，动作稳重，双目注视你。这种人个性坚毅坦率，有责任感而且可靠，思维缜密，善于推理，经常能为人提供建设性的意见。每当遇到困难时，他总是能迅速地提出可行的应对方案，很得他人的信赖。

3. 漫不经心型

他握手时只轻柔地握一握。此类人为人随和豁达，绝不偏执，颇有游戏人间的洒脱，谦和从众。虽然别人把他的手握得很紧，但他只握一下便把手拿开。在社交场合上，他表现得轻松自在，但内心却是多疑的。他不吃任何人的亏，如果对方突然变得很友善，他脑中便立即闪出小小的红色警告。他当然会和对方周旋一会儿,但这一会儿的时间,不过是用来发现对方真正的企图和动机。

4. 双手并用型

他握手时习惯双手握住你的手。这种类型的人热情忠厚,心地善良,对朋友最能推心置腹,喜怒形于色而爱憎分明。

当别人把他介绍给你时,他用双手握着你的手,有些人不太习惯他的开放作风,可能会抱怨他太过热情。但最后,这些人都大吃一惊,因为他们发现自己居然也用同样热情的态度来对待他。

5. 长握不舍型

握手时他握住你的手久久不放。此类人情感比较丰富,喜欢结交朋友,一旦建立友谊,则忠贞不渝。当他握着你的手,握了很长一段时间时,是想看看谁先把手抽回来。这是一种测验支配力的方法。假使对方比他先抽手,那他便晓得可以比对方更有耐力,与对方交涉时可以有较大的把握。他经常使用这种方式,也因此获得对方重大的让步。

6. 用手指抓握型

握手时他只有手指抓握住你的手,而掌心不与你接触。这种人生性平和而敏感,情绪容易激动。不过,他们是心地善良而富有同情心的人。

7. 上下摇动型

握手时他紧抓你的手,不断上下摇动。此类人十分乐观,对人生充满希望,他们因积极热诚而成为受人爱戴倾慕的对象。

8. 用手指搔痒型

这是一种偷偷摸摸的行为,当男人和刚刚认识的女人握手时,可能用食指去搔对方的手掌,这种方式很直接,不过令人讨厌。目的在告诉那位女士,他对她有性爱方面的幻想,希望得到她立即的回应,一般人通常看不到他的做法。

9. 手掌微湿型

手掌微湿说明他表面上平静、泰然自若,但内心却是个极度紧张的人。不过,他要隐藏任何会暴露自己缺点或心中恐惧的姿态、言语或举动。

10. 握手无力型

他和你握手就像想从湿拖把上挤出一丝丝水一样。他像典型的受害者,最大的特色就是软弱和犹豫不决。人们经常在认识他5秒钟后,就会把他给忘到九霄云外。